21 世纪高等职业教育计算机系列规划教材

U0117647

影视动画后期制作

殷均平　孔素然　主　编

张铁墨　陶琳娜　副主编

电子工业出版社

Publishing House of Electronics Industry

北京 · BEIJING

内 容 简 介

本书主要介绍运用 Premiere Pro 进行影视制作的方法。本书以案例为学习切入点，由浅入深、循序渐进，从专项到综合，精解了 Premiere 的各项核心技术，让读者在完全实战演练中精通软件，成为影视制作高手。

全书共分 7 章，重点介绍了影视动画剪辑的技巧和方法，剪辑的一般原则，剪辑软件 Adobe Premiere Pro CS4 的操作方法，特效合成软件 After Effects 的使用方法、应用技巧，典型特效制作方法，以及利用多个外挂特效插件制作各种效果案例的方法。最后，通过制作一个影视动画后期综合实例，带领读者进行视频影片设计制作的实践，帮助读者巩固掌握各种软件知识和影视编辑技能。

本书可作为高等院校或各类培训班相关专业师生的学习用书，还适合作为广大视频编辑爱好者的自学用书，也可供专业设计人员参考学习。

图书在版编目（CIP）数据

影视动画后期制作 / 殷均平，孔素然主编． —北京：电子工业出版社，2011.2
（21 世纪高等职业教育计算机系列规划教材）
ISBN 978-7-121-12883-7

Ⅰ．①影… Ⅱ．①殷… ②孔… Ⅲ．①动画片－制作－高等学校：技术学校－教材 Ⅳ．①J954

中国版本图书馆 CIP 数据核字（2011）第 015087 号

策划编辑：徐建军
责任编辑：徐　磊
印　　刷：北京市李史山胶印厂
装　　订：
出版发行：电子工业出版社
　　　　　北京市海淀区万寿路 173 信箱　邮编　100036
开　　本：787×1 092　1/16　印张：16.25　字数：416 千字
印　　次：2011 年 2 月第 1 次印刷
印　　数：3 000 册　　定价：32.00 元（含 DVD 光盘 1 张）

凡所购买电子工业出版社图书有缺损问题，请向购买书店调换。若书店售缺，请与本社发行部联系，联系及邮购电话：（010）88254888。

质量投诉请发邮件至 zlts@phei.com.cn，盗版侵权举报请发邮件至 dbqq@phei.com.cn。

服务热线：（010）88258888。

前　　言

　　数字技术的发展直接推动了影视动画制作水平的提高，对于后期制作而言，更是如此。无论是炫目的光效，还是逼真的自然特效，都越来越多地应用到了影视动画作品中，这些效果的获得不单纯是技术的应用，也加入了很多的创意和艺术设计元素。因此，本书在以一些典型案例作为学习切入点的同时，也试图在其中灌输一种理念，那就是设计和创意思想与技术的融合性，再好的技术，如果一味模仿，其作品是没有太多生命力的。本书就是想通过介绍一些知识背景，学习一些必要的设计理论，来提高我们的综合制作水平。

　　本书的主要特点体现在如下几个方面。

- 每章都对本章的主要内容、知识目标、能力目标及学习任务进行概要式的提炼，便于读者在学习时对整章内容整体把握，也便于教师有针对性地开展教学。
- 遵循循序渐进的学习原则，由基础案例到高级应用设计，内容由浅入深，理论由简到难，技术由专项到综合。
- 将理论知识贯穿到技术应用和案例教学过程中，体现理论为应用服务，遵循"必需、够用"原则，尽量精简。
- 注重思维拓展训练，强化能力拓展，不光做到举一反三，更要做到有自己的设计主张，将技术艺术充分融合。
- 每章附有一定的思考题和操作题，便于学生课后自学、温故知新，不断训练才能将课本的东西转化为自己的，熟能生巧是不变的真理。

　　本书由殷均平编写第 1 章、张铁墨编写第 2、3 章，孔素然编写第 4、5、7 章，陶琳娜编写第 6 章，全书由殷均平负责统稿。

　　本书配有 DVD 教学光盘，光盘中包含各章节案例的源文件、素材，以及最终的视频效果文件，可方便读者学习使用。

　　为了方便教师教学，本书还配有电子教学课件及素材，请有此需要的教师登录华信教育资源网（www.hxedu.com.cn）免费注册后进行下载，如有问题可在网站留言板留言或与电子工业出版社联系（E-mail:hxedu@phei.com.cn），也可以与作者联系（E-mail：Yinjup999@163.com）。

　　由于对项目式教学法正处于经验积累和改进过程中，加之编者水平有限、时间仓促，书中难免存在疏漏和不足，望同行专家和读者能给予批评和指正。

编　者

目　　录

第1章 影视动画后期制作概述

主要内容

1. 后期制作主要工作内容
2. 后期制作发展历程
3. 后期制作基本概念
4. 后期制作软件介绍
5. 后期制作工作流程简介
6. 常见后期制作文件格式介绍

知识目标

1. 了解后期制作主要工作内容
2. 理解后期制作基本概念
3. 熟知后期制作常见文件格式

能力目标

1. 理解并遵循后期制作工作流程
2. 熟悉并掌握后期制作相关常用软件

学习任务

1. 查阅相关后期制作软件的主要功用
2. 安装相关后期制作软件，熟悉其工作界面
3. 登录后期制作论坛或网站等，了解后期制作最新进展

1.1 什么是影视动画后期制作

影视动画后期制作，就是剪辑师根据导演要求或一定的主题思想和故事发展的情节脉络，利用实际拍摄及多种渠道获取的素材，通过三维动画和合成手段等制作特技镜头，然后把镜头剪辑到一起，形成完整的影片，包括为影片制作声音效果。简言之，影视动画后期制作包含特效、剪辑、合成三部分工作。

早期的影视特技大多是通过模型制作、特技摄影、光学合成等传统手段完成的。主要在拍摄阶段和洗印过程中完成。计算机的使用为特技制作提供了更多更好的手段，也使许多过去必须使用模型和摄影手段完成的特技可以通过计算机制作完成。

特技镜头无法直接拍摄，一般是由于两种原因造成的。一是拍摄对象或环境在现实生活中根本不存在，或者即使存在也不可能拍摄到，如恐龙或外星人等；二是拍摄的对象和环境虽然在实际生活中存在，但无法同时出现在同一个画面中，如影片的主角从剧烈的爆炸中逃生。

要解决这类问题，必须利用别的东西来模仿拍摄对象，常用的手段包括制作模型，利用对人的化妆来模仿其他生物，以及制作计算机三维动画。实际上，计算机三维动画也是一种模型，只不过它是存在于计算机中的虚拟模型而已。随着计算机技术的发展，利用计算机制作的特效和模型成为当今影视后期制作的主流。

但这些手段一般只解决了问题的一部分，这些模型不能直接存在于所需的背景上，这就需

要后期合成。将对象和环境分别构建模型或直接拍摄，然后再把分别创建的对象模型和环境画面合成到同一个画面中，让观众以为这是实际拍摄的结果。这种技术可以创作出荧屏上的奇观，既使人感到真实可信，又有很大的视觉冲击力，并给观众极大的震撼和愉悦。

数字合成技术与三维动画有很大的区别，它本身不是一种"无中生有"的手段，而是利用已有的素材画面进行组合，同时可以对画面进行大量的修饰、美化，可以说是一种"锦上添花"的手段。

1.2 影视动画后期制作发展历程

1.2.1 传统电影后期编辑——物理非线性编辑

传统的电影剪辑是真正的物理非线性剪接。剪辑师从大量的样片中挑选需要的镜头和胶片，用剪刀将胶片剪开，再用胶条或胶水把它们粘在一起，然后在剪辑台上观看效果，如图1-1所示。这个剪开、粘上的过程要不断地重复直到最终得到满意的效果。这个过程虽然看起来很原始，但这种剪接却是真正非线性的。剪辑师不必从头到尾顺序地工作，他可以随时将样片从中间剪开，插入一个镜头，或者剪掉一些画面，都不会影响整个片子。但这种方式会对胶片形成永久性的物理损伤，对于很多技巧的制作也是无能为力的。剪辑师无法在两个镜头之间制作一个叠画，也无法调整画面的色彩，所有这些技巧只能在洗印过程中完成，同时剪刀加糨糊式的手工操作效率也很低。

图1-1　电影剪辑台

1.2.2 传统电视后期编辑——线性编辑

图1-2　电视线编机

传统的电视编辑则是在编辑机上进行的，如图1-2所示。编辑机通常由一台放像机和一台录像机组成。剪辑师通过放像机选择一段合适的素材，把它记录到录像机中的磁带上，然后寻找下一个镜头。此外，高级的编辑机还有很强的特技功能，可以制作各种叠画和划像，调整画面颜色，也可以制作字幕等。但是由于磁带记录画面是顺序的，因此无法在已有的画面之间插入一个镜头，也无法删除一个镜头，除非把这之后的画面全部重新录制一遍，所以这种编辑叫做线性编辑。

后来，随着 EECO 时码系统的出现，后期制作领域出现了大量基于时码的编辑控制设备和大量新的编辑技术及手段，后期编辑技术也得到了进一步的改进，可以实现同步预卷编辑、编辑预演、自动串演、脱机粗编和多对一编辑等。但是，仍然无法实现实时编辑点定位等功能，磁带复制造成的信号损失也无法彻底避免。

1.2.3 现代影视动画后期制作——数字非线性编辑

20 世纪 60 年代，计算机技术的应用逐渐发展起来，70 年代出现了第一套非编系统，如图 1-3 所示。经过三四十年的发展，现在的非线性编辑系统已经实现了完全数字化，以及模拟视频信号的高度兼容，在影视、广播、网络等传播领域应用广泛。

基于计算机的数字非线性编辑技术采用了电影剪辑的非线性模式，用鼠标和键盘操作代替了剪刀加糨糊式的手工操作，剪辑结果可以马上回放，大大提高了工作效率。同时它不但可以提供各种剪辑机所具备的特技功能，还可以通过软件和硬件的扩展，提供编辑机也无能为力的复杂特技效果。

图 1-3 数字非编系统

进入 90 年代以后，动画制作产业发展极为迅速，尤其在现代影视制作中，起到了革命性的作用，这一时期产生了许多使用计算机动画技术的经典影片，如《侏罗纪公园》、《勇敢者的游戏》、《玩具总动员》、《泰坦尼克号》等。到了 21 世纪初，由于计算机动画技术在影视中的大量运用，使影片产生了极具震撼力的视觉冲击，令人耳目一新，如《指环王》三部曲、《黑客帝国》、《哈利·波特》、《阿凡达》等，如图 1-4 所示。

在电影、电视节目的所有特技效果的后期制作中，利用计算机技术进行后期制作的手法已经完全取代了传统的光学胶片法，可以说，影视动画后期制作的视觉表现形式已经伴随着计算机技术的发展，迎来了一个更为广阔和更具艺术感染力的新纪元。

图 1-4 应用数字特效的影片

目前，国内的制作技术也已紧跟国际先进水平，艺术与技术的相辅相成使人们在影视动画后期制作中能发挥更多的艺术想象。

那么，到底如何来理解数字非线性编辑的概念呢？线性与非线性编辑的区别在哪里呢？要想理解好非线性编辑的含义，必须首先弄清楚下面几个基本的概念。

1.3　影视动画后期制作基本概念

1. 线性与非线性

从视音频信息存储方式的角度而言，线性（Linear）是指连续的磁带存储视音频信号方式，信息存储的物理位置与接受信息的顺序是完全一致的，即录在前面的信息存储在磁带开头，录在后面的信息存储在磁带末端，信息存储的样式与接受信息的顺序密切相关。基于磁带的编辑系统则称为线性编辑系统。

非线性（Non-linear）是指视音频信息存储的方式是平行平列的，与接受信息的顺序无关，它可以方便地对视音频素材进行随意组合，不受物理存储位置的限制，编辑者可以以任何想见的方式对素材进行再编辑，如图 1-5 所示。非线性编辑系统是基于计算机技术的，在计算机中对原始素材进行各种编辑操作，并将最终结果输出到计算机硬盘、磁带、录像带等记录设备上。

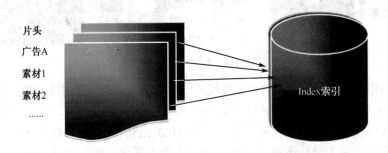

图 1-5　非线性存储方式

2. 采集与压缩比

在进行视音频信号的非线性处理之前，首先要将模拟的视音频信息转化为数字信号存储到计算机硬盘中，这个过程称为采集，又称素材数字化。

将模拟信号采集到计算机时，如果不进行压缩，其数据量是非常大的，1GB 的硬盘只能存储 50 秒左右的视频素材。为了解决这个问题，我们采用了图像压缩技术。压缩可分为两大类：有损压缩和无损压缩。顾名思义，有损压缩就是在对素材进行压缩、解压后的图像画质有所降低，信息有一定损失，但一般人们视觉不容易觉察出来，其压缩比一般较大；反之，即为无损压缩，虽然无损压缩画质没有损失，但由于其压缩效果不大，其压缩的实际意义也就不大了。

不同压缩比对画质的影响也是不同的，较小的压缩比对画质影响不大，较大的压缩比会使画质明显降低。目前常见的压缩算法为 M-JPEG 帧内压缩，其压缩比与硬盘存储时间关系如表 1-1 所示。

表 1-1 压缩比与硬盘存储时间关系

压 缩 比	模拟视频质量	1GB 硬盘存储素材时间
1：1	无压缩	49 秒
1：2	数字 Betacam.D5	1 分 37 秒
5 至 8：1	Betacam-SP，M2	4～6 分
10 至 15：1	U-matic，Hi-8	8～12 分
20：1	S-VHS	16 分
30 至 40：1	VHS	24～32 分
60：1	脱机	48 分
90：1	脱机	72 分
120：1	脱机	96 分

3．帧与帧速率

帧（Frame）：视频画面是由一个个静止的图像连续播放而成的，这一个个完全静止的图像，被称为一帧画面。

帧速率（fps）：视频中每秒播放的图像帧数。NTSC 制式帧速率是 29.97fps 或 30fps，换句话说就是 1 秒的图像需要 30 帧左右的画面；PAL 制式帧速率是 25fps。

不同国家和地区采用的电视制式及特点如表 1-2 所示。

表 1-2 电视制式特点

电 视 制 式	帧 频	扫描线与分辨率	采用国家和地区	制定标准机构
NTSC	29.9fps	525 行扫描线 720×480 分辨率	美国、加拿大、日本、韩国、菲律宾、中国台湾等	美国国家电视标准委员会
PAL	25fps	625 行扫描线 720×576 分辨率	德国、中国、英国、意大利等	前联邦德国
SECAM	25fps	625 行扫描线 720×576 分辨率	俄罗斯、法国、埃及、罗马尼亚等	法国

4．隔行扫描与逐行扫描

传统电视机在播放视频画面时，每一帧图像都是通过电子枪扫描显像管后逐次出现在屏幕上的。

隔行扫描中电子枪首先扫描图像的所有奇数行（或偶数行），然后使用同样的方法再扫描偶数行（或奇数行），这种扫描图像的方法称为隔行扫描。

而逐行扫描时，电子枪从屏幕左上角开始按顺序依次逐行扫描到屏幕右下角，这种扫描方式称为逐行扫描。

随着逐行扫描技术的日臻成熟，逐行扫描逐渐取代了隔行扫描。

5．场与场序

传统电视采用隔行扫描（交错视频）方式显示视频图像，一帧画面被拆分成奇数行画面和偶数行画面，被称为"奇数场"和"偶数场"，或称为"上场"和"下场"。显示画面时首先显示上半场交错间隔画面内容，然后再显示下半场画面来填充上半场留下的缝隙，如图 1-6 和

图 1-7 所示。

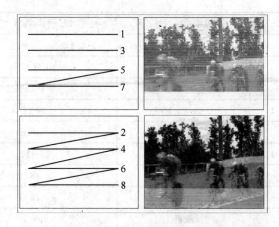

图 1-6　隔行扫描分离场画面

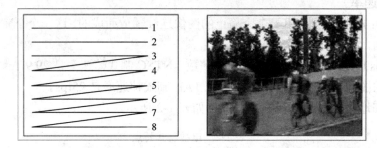

图 1-7　逐行扫描画面

合成编辑可以将上传到计算机的视频素材进行场分离。在对素材进行如变速、缩放、旋转、效果等加工时，场分离是极为重要的。场分离时，要选择场的优先顺序，各种视频标准录像带的场优先顺序，如表 1-3 所示。

表 1-3　电视制式与场优先顺序

格　式		场优先顺序
DV		下场
640×480	NTSC	上场
640×480	NTSC Full	下场
720×480	NTSC DV	下场
720×480	TSC D1	通常是下场
768×576	PAL	上场
720×576	PAL DV	下场
720×576	PAL D1	上场
HDTV		上场或者下场

在选择场顺序后，观察影片是否能够平滑地进行播放，如果出现了跳动的现象，则说明场优先顺序是错误的。

计算机操作系统是以非交错形式显示视频的，它的每一帧画面由一个垂直扫描场完成。电影胶片类似于非交错视频，它每次是显示整个帧的。

6．时码与时基

时码是素材的长度标记及每一帧画面的时间位置，它用来精确控制视音频的播放和编辑。现在国际上采用 SMPTE 时码，SMPTE 的表示方法是

$$时码=小时（h）：分（m）：秒（s）：帧（f）$$

时基也就是时间基准。

7．分辨率与像素

分辨率是指每帧画面中所包含的图像点的数量，每个图像点被称为一个像素。

分辨率通常表示为：水平分辨率×垂直分辨率。如分辨率为 800×600 的视频中，每帧画面水平方向有 800 个像素，垂直方向有 600 个像素，整幅画面包含 480 000 个像素。

8．帧长宽比与像素长宽比

帧长宽比指视频画面的长宽比。电视画面的长宽比通常为 4:3 或 16:9。

像素长宽比指每个像素的长宽比，根据视频标准的不同，像素的长宽比有所不同，如表 1-4 所示。

表 1-4　电视制式与像素比关系

视 频 格 式	像素长宽比
正方形像素	1.0
D1/DV NTSC	0.9
D1/DV NTSC 宽屏	1.2
D1/DV PAL	1.07
D1/DV PAL 宽屏	1.42

1.4　动画后期制作软件

在进行影视动画后期制作时会用到很多软件，如平面处理类软件（主要对素材进行调色，图形合成等）、视频剪辑类软件（主要对素材进行编辑）、合成特效类软件（主要对素材添加特效及合成等）、三维效果制作类软件（主要进行立体效果的制作）和粒子类软件（主要实现后期的特殊效果）。下面分别进行介绍。

1.4.1　平面处理软件：Photoshop

如图 1-8 所示，Adobe Photoshop 是公认的、最好的通用平面美术设计软件，由 Adobe 公司开发设计，其用户界面易懂、功能完善、性能稳定。

Photoshop 主要在图像、图形、文字、视频、出版等方面应用广泛。从功能上看，Photoshop 主要可进行图像编辑、图像合成、校色调色和特效制作等。

利用 Adobe Photoshop 制作绚丽的背景画面、静态素材是电影、视频和多媒体领域的专业人士的理想选择，它在影视动画后期制作领域有着广泛的应用。

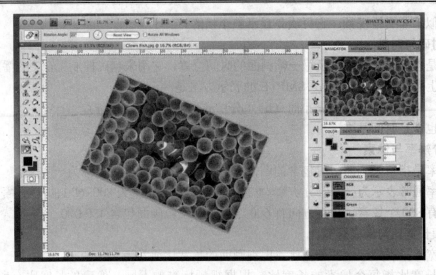

图 1-8　Photoshop 工作界面

1.4.2　剪辑软件：Adobe Premiere、Final Cut Pro

1. Adobe Premiere

Adobe Premiere 是一个非常优秀的桌面视频编辑软件，它使用多轨的影像与声音进行合成、剪辑来制作动态影像格式，如图 1-9 所示。

图 1-9　Adobe Premiere 工作界面

Premiere 可轻松实现多视频编辑，可从时间轴直接创建高质量、可驱动菜单的 DVD。可在没有转换或质量损失的原始格式中捕获和编辑 HDV 内容，并可利用新的色彩校正工具，为特定的任务分别进行优化。它支持 10-bit 视频和 16-bit PSD 文件，并可以维持源素材的完整性。

2. Final Cut Pro

Final Cut Pro 6 提供了高性能的数字非线性剪辑功能，支持几乎所有的视频格式，并具备工作室水平的扩展性和互操作性。它的工作流程可延伸至其他 Final Cut Studio 软件和 Final

Cut Server 以获取更多的动力。Final Cut Pro 支持几乎所有视频格式，你可以剪辑未压缩的 SD、HDV、DVCPRO HD 和未压缩的 HD 等所有视频，如图 1-10 所示。

图 1-10　Final Cut Pro 工作界面

Final Cut Pro 安装于苹果计算机的配置为 PowerPC G4（867MHz 或更快）或 PowerPC G5 处理器 Macintosh，HD 功能需 1GHz 或更快处理器，制作 HD DVD 或播放由 DVD Studio Pro4 制作的 HD DVD 需 PowerPC G5 处理器，512MB 内存，HD 需 1GB 内存（建议 2GB），1024×768 像素（或更高）显示器。

1.4.3　特效合成软件：After Effects、Combusion、Shake

1. After Effects

After Effects 是 Adobe 公司推出的运行于 PC 和 MAC 机上的专业级影视合成软件，也是目前最为流行的影视后期合成软件，如图 1-11 所示。After Effects 提供了与 Adobe Premiere Pro、Adobe Encore DVD、Adobe Audition、Photoshop CS 和 Illustrator CS 软件的无与伦比的集成功能，是一款动画和视觉效果的编辑工具，可为电影、视频、DVD 及网页制作增添动画和视觉效果。After Effects 主要用于处理视频文件或图像文件，它可以在视频片段上创作许多神奇的效果，如抠像、局部透明、文字旋转、按路径移动文字等，经过处理的视频片段或图像文件

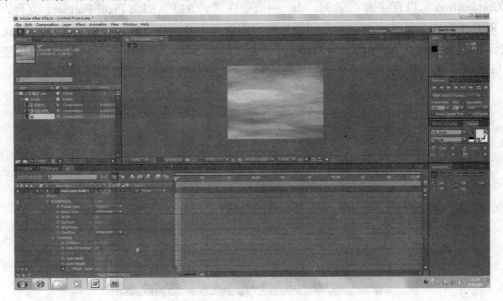

图 1-11　After Effects 工作界面

可以重新生成视频文件。After Effects 和 Photoshop 一样具有层的功能，用户可以在无限的层上添加各种效果和动作，可以这么说，After Effects 就是视频处理上的 Photoshop。

2．Combustion

　　Combustion 是新近崛起的用于影视后期特效合成的软件，功能非常强大，特别适合制作需要用到大量效果的节目片头和广告，如图 1-12 所示。Combustion 能够工作在覆盖面很广的多种格式下。从分辨率高达 3656×2664 的 cineon 电影格式到普通的分辨率为 768×576 的 PAL 制电视格式，Combustion 都能完成特效合成。这其中也包括 720/30p 和 1080/24p 两种高清晰 HDTV 格式。它的长宽比也有 3∶2，4∶3，5∶4，16∶9 等多种选择，可以毫不费力地完成同一影片不同格式的同时输出。

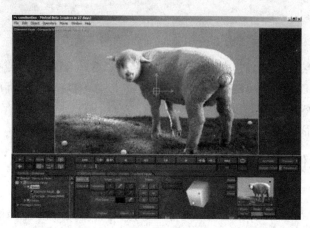

图 1-12　Combustion　工作界面

　　Combustion 能够支持每通道 16bit 的色彩深度，也就是说能够支持每个文件 4 个通道共 64bit（RGBA）的超高色彩深度，这么高的色彩深度以往只有在 Photoshop 这样的专业图像处理软件中才看得到。色彩深度越高，同屏显示的色彩数量越多，画面自然也就更加细腻和自然了。Combustion 可以直接调入在 3ds Max 中渲染完成的 RPF（Rich Pixel Format）文件，并且保留 RPF 文件的 Z 轴扩展通道信息和摄像机位置信息不被破坏。Combustion 和 3ds Max 的完美融合并不仅限于 Combustion 可以完美地引入 3ds Max 文件，在 3ds Max 中也能够把 Combustion 当做内置的图像处理程序来完成材质和纹理的制作，如图 1-13 所示。

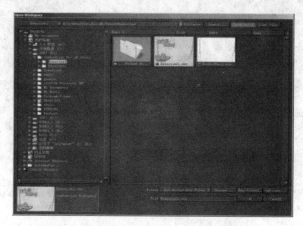

图 1-13　Combustion 与 3ds Max 的完美融合

3. Shake

如图 1-14 所示，Shake 最初由 Nothing Real 公司开发，在影视行业中享有盛名，包括《指环王》、《黑客帝国》、《泰坦尼克》等影片在内的好莱坞大作在后期制作过程中都使用了这款软件。2002 年初，苹果收购 Nothing Real 公司得到了这款软件，并继续进行开发，随着苹果自有影视制作软件 Final Cut Studio 的逐步完善，Shake 的关注度日渐降低。

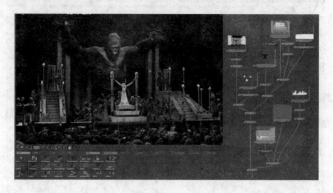

图 1-14　Shake 工作界面

1.4.4　三维动画软件：3ds Max、Maya

1. 3ds Max

3ds Max 是 Autodesk 公司出品的最流行的三维动画制作软件，它提供了强大的基于 Windows 平台的实时三维建模、渲染和动画设计等功能，广泛应用于广告、影视、工业设计、多媒体制作及工程可视化领域，如图 1-15 所示。它以非凡的功能和三维动画制作效果赢得了各界人士的青睐。基于 3ds Max 的图像处理技术极大地简化了图像处理的复杂过程，在三维动画制作方面发挥着巨大的作用。

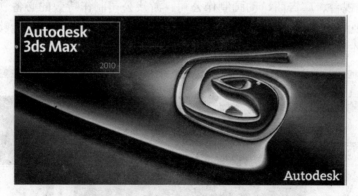

图 1-15　3ds Max 界面

2. Maya

Maya 和 3ds Max 同属于 Autodesk 旗下的三维动画制作软件，使用 Autodesk Maya 软件可以创建出令人叹为观止的 3D 作品。Maya 的新版本包括了许多在建模、动画、渲染和特效方面的改进，这些改进使得工作效率和工作流程得到了极大的提升和优化。

如图 1-16 所示，Autodesk Maya 2010 拥有 Autodesk Maya Unlimited 2009 和 Autodesk Maya Complete 2009 的全部功能，包括先进的模拟工具 Autodesk Maya Nucleus Unified

SimulationFramework、Autodesk Maya nCloth、Autodesk Maya nParticles、Autodesk MayaFluid Effects、Autodesk Maya Hair 和 Autodesk MayaFur，另外还拥有广泛的建模、纹理和动画工具、基于画刷的三维技术、完整的立体工作流程、卡通渲染（Toon Shading）、渲染、一个广泛的 Maya 应用程序界面/软件开发工具包，以及 Python 和 MEL 脚本功能。

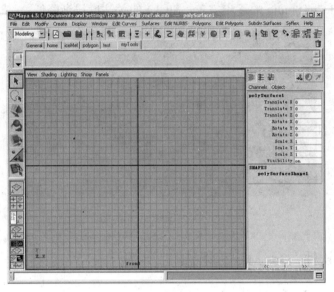

图 1-16　Maya 工作界面

1.4.5　粒子软件：Partical Illusion

Partical Illusion 是一套分子特效应用软件，使用简单、快速，功能强大、特效丰富，现在有越来越多的多媒体制作公司使用 Partical Illusion 的特效，包括武侠剧的打斗效果等。Partical Illusion 已成为电视台、广告商、动画制作公司、游戏公司制作特效的必备软件，该软件适合于电影、商业电视片、标准及高清晰视频、网络图像的后期特效制作，并能够有效地生成自定义的特效，其工作界面如图 1-17 所示。

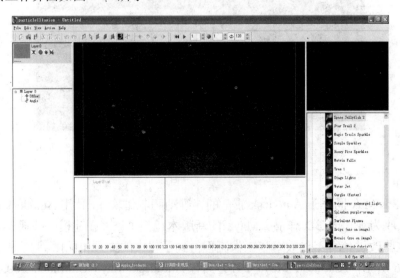

图 1-17　Partical Illusion 工作界面

1.5　常见视音频素材格式

伴随着数字技术的飞速发展，视音频素材的录制、保存、编码、传输方法也不断丰富，为了更好地编辑影片，必须熟悉常见的视音频素材的编码技术和文件格式，下面将对这些常见的视频音频文件格式和编码技术进行简单的介绍。

1.5.1　常见视频文件格式

1. MPEG/MPG/DAT

MPG 又称 MPEG（Moving Pictures Experts Group）即动态图像专家组，由国际标准化组织 ISO（International Standards Organization）与 IEC（International Electronic Committee）于 1988 年联合成立，专门致力于运动图像（MPEG 视频）及其伴音编码（MPEG 音频）的标准化工作。MPEG/MPG/DAT 格式的文件都是由 MPEG 编码技术压缩而成的，这种压缩算法在计算机和电视视频制作领域应用广泛。它包括 MPEG-1、MPEG-2 和 MPEG-4。MPEG-1 被广泛地应用在 VCD（Video Compact Disk）的制作中，绝大多数的 VCD 采用 MPEG-1 格式压缩。MPEG-2 应用在 DVD（Digital Video/Versatile Disk）、HDTV（高清晰电视广播）和一些高要求的视频编辑、处理方面。MPEG-4 是一种新的压缩算法，使用这种算法的 ASF 格式可以把一部 120 分钟长的电影压缩成为 300MB 左右的视频流，可供在网上观看。

2. AVI

AVI 的英文全称为 Audio Video Interleaved，即音频视频交错格式。它于 1992 年被 Microsoft 公司推出，随 Windows 3.1 一起被人们所认识和熟知。所谓"音频视频交错"，就是可以将视频和音频交织在一起进行同步播放。AVI 支持 256 色和 RLE 压缩。AVI 信息主要应用在多媒体光盘上，用来保存电视、电影等各种影像信息。这种视频格式的优点是图像质量好，可以跨多个平台使用，其缺点是体积过于庞大。

3. DV-AVI 格式

DV 的英文全称是 Digital Video Format，是由索尼、松下、JVC 等多家厂商联合提出的一种家用数字视频格式。目前非常流行的数码摄像机就是使用这种格式记录视频数据的。它可以通过计算机的 IEEE 1394 端口传输视频数据到计算机，也可以将计算机中编辑好的视频数据回录到数码摄像机中。这种视频格式的文件扩展名一般是.avi，所以也叫 DV-AVI 格式。

4. MOV

MOV 即 QuickTime 影片格式，它是 Apple 公司开发的一种音频、视频文件格式，用于存储常用数字媒体类型。当选择 QuickTime（*.mov）作为"保存类型"时，动画将保存为.mov 文件。QuickTime 文件格式支持 25 位彩色，支持领先的集成压缩技术，提供 150 多种视频效果，并配有提供了 200 多种 MIDI 兼容音响和设备的声音装置。QuickTime 具有跨平台、存储空间要求小等技术特点，而采用了有损压缩方式的 MOV 格式文件，画面效果较 AVI 格式要稍微好一些。到目前为止，它共有 4 个版本，其中以 4.0 版本的压缩率最好。这种编码支持 16 位图像深度的帧内压缩和帧间压缩，帧率每秒 10 帧以上。

5. RM/RMVB

RM/RMVB 是按照 Real Networks 公司制定的音频/视频压缩规范创建的视频文件格式。其中，RM 格式视频文件只适合本地播放，而 RMVB 格式视频文件不仅能够进行本地播放，还可通过因特网进行流式播放。

6. WMV

WMV 是微软推出的一种流媒体格式，它是在 ASF（Advanced Stream Format）格式的基础上升级延伸来的。在同等视频质量下，WMV 格式的体积非常小，因此很适合在网上播放和传输。

7. ASF

ASF 是 Advanced Streaming Format（高级串流格式）的缩写，它是 Microsoft 为 Windows 98 所开发的串流多媒体文件格式。ASF 是 Microsoft 公司 Windows Media 的核心。这是一种包含音频、视频、图像及控制命令脚本的数据格式。这个词汇当前可和 WMA 及 WMV 互换使用。ASF 是一个开放标准，它能依靠多种协议在多种网络环境下支持数据的传送。

1.5.2　常见音频文件格式

1. WAV

WAV 为微软公司（Microsoft）开发的一种声音文件格式，它符合 RIFF（Resource Interchange File Format）文件规范，可用于保存 Windows 平台的音频信息资源，被 Windows 平台及其应用程序所广泛支持，该格式也支持 MSADPCM，CCITT A LAW 等多种压缩算法，支持多种音频数字、取样频率和声道，标准格式化的 WAV 文件和 CD 格式一样，也是 44.1kHz 的取样频率，16 位量化数字。

2. MP3

MP3 是 Moving Picture Experts Group Audio Layer III（动态影像专家压缩标准音频层面 3）的缩写。它是在 1991 年由位于德国埃尔朗根的研究组织 Fraunhofer-Gesellschaft 的一组工程师发明和标准化的。

MP3 利用许多技术对数据进行压缩，其中包括心理声学技术，这种技术丢弃掉了脉冲编码调制（PCM）音频数据中对人类听觉不重要的数据（类似于 JPEG 是一个有损图像压缩）。它利用 MPEG Audio Layer 3 的技术，将音乐以 1∶12 甚至 1∶14 的压缩率，压缩成容量较小的文件。正是因为 MP3 体积小、音质高的特点使得 MP3 格式几乎成为网上音乐的代名词。

3. WMA

WMA（Windows Media Audio）是 Microsoft 公司推出的与 MP3 格式齐名的一种新的音频格式。由于 WMA 在压缩比和音质方面都超过了 MP3，更是远胜于 RA（Real Audio），因此即使在较低的采样频率下也能产生较好的音质。一般使用 Windows Media Audio 编码格式的文件以 WMA 作为扩展名，一些使用 Windows Media Audio 编码格式编码其所有内容的纯音频 ASF 文件也使用 WMA 作为扩展名。

4. MIDI

MIDI 是由电子乐器制造商们建立起来的，用以使计算机音乐程序、合成器和其他电子音响设备互相交换信息与控制信号的方法。MIDI 系统实际就是一个作曲、配器、电子模拟的演奏系统。从一个 MIDI 设备转送到另一个 MIDI 设备上去的数据就是 MIDI 信息。MIDI 数据不是数字的音频波形，而是音乐代码或电子乐谱。

1.6　影视动画后期制作流程

一个完整的影视作品的完成通常要经过前期创意策划、中期拍摄和后期制作这样一个过程。前期主要是形成文字或画面示意材料，如剧本稿、分镜头画面等，这一工作通常在桌面完成。中期主要指拍摄或者影像的制作活动，这个过程中分别拍摄影像素材片断，完成工作的结果是一盘盘的胶片或者一盒盒的录像带，这一工作通常在外景或摄影棚中完成。将拍摄好的素材剪辑、调整、输出是在后期制作阶段完成的，一般在工作室或机房完成，完成的结果一般是完成的样片或成片。随着计算机技术的发展，过去要由专业摄影师、特技师、洗印师、校色师所做的工作，如今通过计算机较强的图像处理能力，普通人在桌面就可以完成。后期制作担当起了非常重要的职责，运用数字合成技术、三维技术将影视作品进行了最淋漓尽致的想象和制作。

胶片电影数字化制作的一般流程如图 1-18 所示。

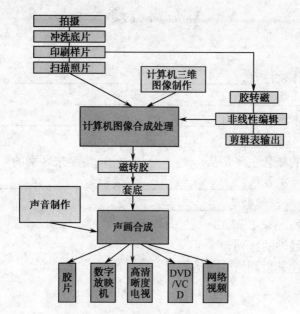

图 1-18　胶片电影数字化的制作流程

后期制作主要完成的工作及流程如图 1-19 所示。

图 1-19　后期制作的主要工作流程

　　技巧：影视动画后期制作的具体操作流程会根据具体任务安排和个人操作习惯有个别调整，在具体后期制作过程中只需遵循大致的工作流程原则即可。

1.7　本　章　小　结

　　本章对后期制作的知识及原理进行了讲解，使学生了解并掌握了相关的理论知识。同时，本章还对后期制作的流行软件进行了相应介绍，结合软件功能对后期制作完成的流程及主要任务做出了概要讲解，使学生具备必备的相关知识，为后续课程打下了良好的理论基础。

课后思考题

一、填空题

　　1．常见的后期制作软件有＿＿＿＿＿＿＿＿、＿＿＿＿＿＿＿＿、＿＿＿＿＿＿＿＿、＿＿＿＿＿＿＿＿、＿＿＿＿＿＿＿＿、＿＿＿＿＿＿＿＿等。

　　2．后期制作的基本流程一般为＿＿＿＿＿＿＿＿、＿＿＿＿＿＿＿＿、＿＿＿＿＿＿＿＿、＿＿＿＿＿＿＿＿、＿＿＿＿＿＿＿＿和＿＿＿＿＿＿＿＿。

　　3．线性和非线性的概念主要是从＿＿＿＿＿＿＿＿角度来区别的。

　　4．NTSC 信号的帧速率是＿＿＿＿＿＿＿＿，线数为＿＿＿＿＿＿＿＿；PAL 信号的帧速率是＿＿＿＿＿＿＿＿，线数为＿＿＿＿＿＿＿＿。

二、简答及思考题

　　1．简述线性和非线性的区别。

　　2．找一部电影评述其后期特效的运用。

第 2 章　影视剪辑基础案例

主要内容

1. 介绍 Premiere Pro CS4 工作环境
2. 各功能面板的使用方法和技巧
3. 熟悉影视后期剪辑的基本流程
4. 掌握 Premiere Pro CS4 的基本剪辑技巧

知识目标

1. 了解 Premiere Pro CS4 的工作流程
2. 理解剪辑的基本术语和基本技法

能力目标

1. 掌握 Premiere Pro CS4 剪辑影片基本方法
2. 能利用 Premiere Pro CS4 制作简单视频影片

学习任务

1. 自己创建项目，并进行属性的设置
2. 采集并管理各种素材
3. 剪辑影片序列
4. 渲染输出设置

Premiere 是 Adobe 公司开发的一款专业的非线性编辑软件，在影视后期剪辑、电视栏目包装、广告制作等领域应用广泛。2008 年，Adobe 公司推出了 Premiere Pro CS4 版本，其工作环境及功能进一步升级，具有更广泛的视频格式支持，可以输出各种类型的影片，为后期制作中的特效编辑、素材合成及最终的影片剪辑提供了更便捷、更优秀的服务。

本章将剪辑制作一个短片"中国新式婚礼"，通过获取管理素材→分析影片素材→确定影片结构→编辑素材→输出影片，来了解影视剪辑的基本流程，并掌握利用 Premiere Pro CS4 进行影片剪辑的基本方法。

2.1　Premiere Pro CS4 工作环境

启动 Premiere Pro CS4，进入该软件的欢迎界面。在欢迎界面【Recent Project】最近使用项目中列举了用户最近打开过的项目文件名称；在下方分别为【New Project】新建项目、【Open Project】打开项目和【Help】帮助按钮，如图 2-1 所示。

技巧：单击【Exit】退出按钮或 ▣ 按钮即可退出 Premiere 程序。

单击【New Project】新建项目按钮弹出【New Project】新建项目对话框窗口。

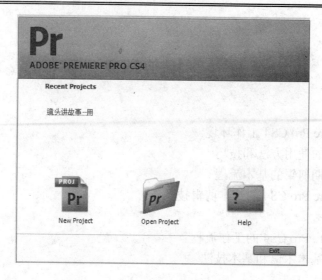

图 2-1　Premiere Pro CS4 欢迎界面

2.1.1　【General】常规选项卡

默认显示【General】常规选项卡，设置各项参数如图 2-2 所示。

图 2-2　【General】选项卡

❖【Action and Title Safe Areas】活动与字幕安全区域选项用于设置影片和字幕在电视机等播放设备上能够完整显示的区域。

技巧： 由于摄像机屏幕与电视机屏幕尺寸设置标准的差异，摄像机拍摄的素材在电视机等设备中播放时画面边缘往往会被切割掉而不能完整显示，即存在一定的"视差"，因此在编辑影片时需注意设置"活动与字幕安全区域"。

❖【Video】视频选项用于设置项目文件中视频素材的显示格式。

❖【Audio】音频选项用于设置音频素材的显示格式。

❖【Capture】采集选项用于设置采集视频的格式。

❖ 单击【Browse】浏览按钮，可以设置项目文件保存的【Location】位置。

2.1.2　【Scratch Disks】暂存盘选项卡

单击【Scratch Disks】暂存盘按钮，在该对话框中可以设置【Captured Video】采集视频、【Captured Audio】音频素材，以及【Video Previews】视频预览、【Audio Previews】音频预览时临时存放的位置，一般要选择磁盘空间较大的磁盘作为暂存盘，以确保采集及预览的流畅，如图 2-3 所示。

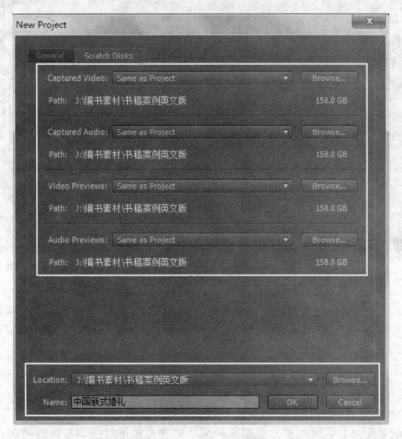

图 2-3　【Scratch Disks】暂存盘选项卡

单击【OK】按钮，进入【New Sequence】新建序列面板。【New Sequence】新建序列面板上的【Sequence Presets】序列设置和【General】常规选项卡中的参数一旦设定，后期编辑过程中即不能更改，因此设置时需要慎重。

2.1.3 【Sequence Presets】序列设置选项卡

在【Available Presets】有效预置中，列举了 Premiere Pro CS4 支持的所有视频标准，当选定一项预置后，在旁边的【Preset Description】预置描述中会显示相应视频标准的基本情况，如图 2-4 所示。

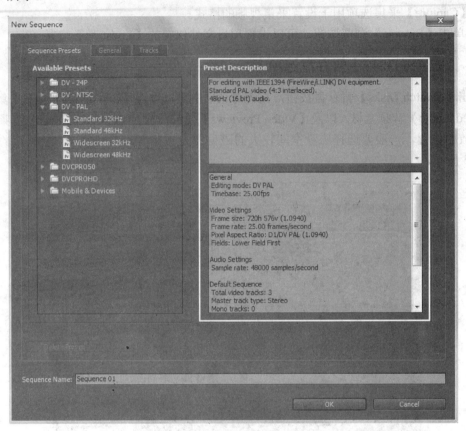

图 2-4 【Sequence Presets】选项卡

技巧：序列预置的选择，要根据前期拍摄素材的录制格式选择，如前期素材采用 DV 设备拍摄标准 PAL 制 4：3 格式拍摄，声音录制采样频率为 48kHz，就应选择 DV_PAL 预置中的【Standard 48kHz】，否则容易使画面产生变形。

2.1.4 【General】常规选项卡

单击【General】常规选项卡，相关参数设置如图 2-5 所示。

❖【Editing Mode】编辑模式，根据编辑影片需要及拍摄时录制音视频的格式进行选择。如果编辑影片主要在计算机上播放，则选择【Desktop】桌面编辑模式。如果在电视系统播放，则根据播出国家的电视制式要求选择相应的编辑模式。

❖【Video】视频，如果影片仅在计算机上播放，根据需要设置【Frame Size】画面大小为【320×240】；【Pixel Aspect Ratio】像素比为【D1/DV PAL（1.0940）】；【Fields】设置为【Lower Field Frist】；【Display Format】视频显示格式为【25fps Timecode】。

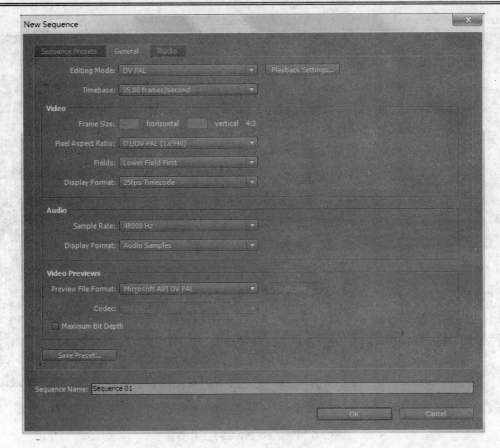

图 2-5　【General】选项卡

技巧：视频参数选项默认参数设置与编辑模式选项是一一对应的，如 DV-PAL 的编辑模式对应视频尺寸为 "720×576"，像素比则对应有 "D1/DV PAL（1.0940）"和"D1/DV PAL 宽荧幕 16:9（1.4587）"；场默认设置为 "下场优先"；视频显示格式为 "25fps 时间码"。

由于人眼的视觉残留现象，人眼并不能感觉到奇偶场的快速转换，但在对视频进行后期处理时，场的设置与素材不匹配，将导致画面抖动。

❖【Audio】音频，【Sample Rate】采样率选择【48000Hz】。【Display Format】显示格式为【Audio Samples】音频采样。

技巧：32kHz 相当于调频音质，44.1kHz 相当于 VCD 音质，48kHz 相当于 DVD 音质，而 88.2kHz 和 96.0kHz 则达到了数字高保真和环绕立体声音质效果。

2.1.5　【Tracks】轨道选项卡

单击【Tracks】轨道按钮，进入视频与音频轨道设置对话框，根据需要设置音频与视频轨道数量及类型。

2.1.6　Premiere Pro CS4 工作界面

单击【OK】按钮，将进入 Premiere Pro CS4 的工作界面，在标题栏会显示当前编辑项目的所在位置和项目名称，如图 2-6 所示。

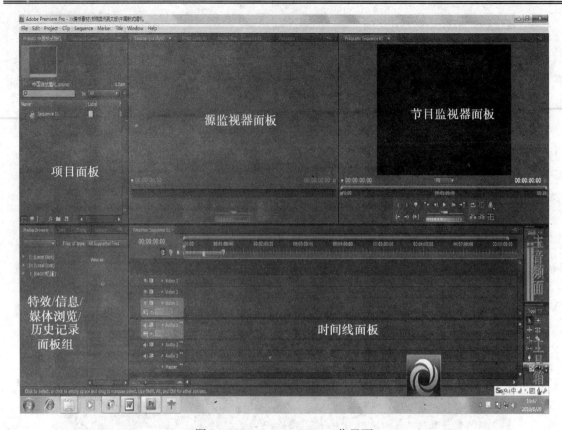

图 2-6　　Premiere Pro CS4 工作界面

Premiere Pro CS4 工作界面包含 6 个浮动面板。

❖ 【Project】项目面板，查看和管理采集到系统中的素材和编辑的时间线序列。

❖ 【Monitor】监视器面板，默认有两个，左侧为【Source】源素材监视器窗口，可以浏览素材，并为素材设定剪辑点及选择不同的编辑方式。右侧为输出【Programe】节目监视器窗口，可以浏览编辑输出的节目，及修改节目的剪辑点和编辑方式。

❖ 【Tools】工具箱面板，列举 Premiere 的主要编辑工具。

❖ 【Timeline】时间线面板，显示视频音频素材在节目输出轨道中的组接方式，节目的编辑、修改及其他处理都是在时间线窗口进行的。

❖ 【Effects】媒体浏览/信息/效果/历史记录面板组，可以随时查看计算机中媒体素材、素材信息、视频音频特效及历史记录。

❖ 【Audio Master Meters】主音频计量器面板，可以随时查看节目中音频轨道的声音大小。

2.2　获 取 素 材

进行影视剪辑之前必须准备好剪辑的源素材，影视剪辑源素材大致包括 4 类：动态视频素材、静态图片素材、音频素材及动画素材。不同的视频剪辑软件对于可编辑的素材格式具有自己特定的要求，Premiere Pro CS4 支持的素材格式较为广泛。

Premiere Pro CS4 支持的视频格式有 avi, mov, mpg, wmv, f4v 等；支持的图片格式有 jpg, tif, psd, tga, bmp, pvd 等；支持的音频格式有 wav, aif, mp3 等；支持的动画格式有 gif, slm，flv 等。

可以通过 DV、手机、数码相机及网络下载等多种途径采集获取影片剪辑中所需的素材，下面分别简要介绍。

2.2.1　获取 DV 素材

通过视频采集卡或 1394 数据线连接 DV 摄像机和计算机，或通过专用的视频采集机采集 DV 拍摄的素材。采集时注意，当单个文件超过 4GB 时，保存文件的磁盘必须采用 NTFS 格式进行分区，所以为方便操作，作为素材盘的磁盘分区最好采用 NTFS 格式。

步骤 1　连接摄像机。

计算机上通常配备有 1394 数据接口，如图 2-7 所示。

图 2-7　1394 数据接口

将 DV 摄像机开机旋至【Play/Edit】编辑浏览模式，通过 1394 数据线连接 DV 摄像机和计算机，如图 2-8 所示。

图 2-8　通过 1394 数据线连接 DV 摄像机和计算机

步骤 2　创建项目文件。

设备连接就绪后，就可以采集 DV 素材了。可以通过 Windows Movie Maker 视频采集软件采集视频，也可以直接在 Premiere Pro CS4 中采集视频，根据素材拍摄时记录格式及输出影片要求创建一个项目文件，具体方法及参数设置参见 2.1 节内容。

步骤 3　采集 DV 视频。

创建好项目文件后，就可以进行 DV 视频采集了。

（1）执行【File】文件→【Capture】采集命令，打开【Capture】采集窗口，如图 2-9 所示。

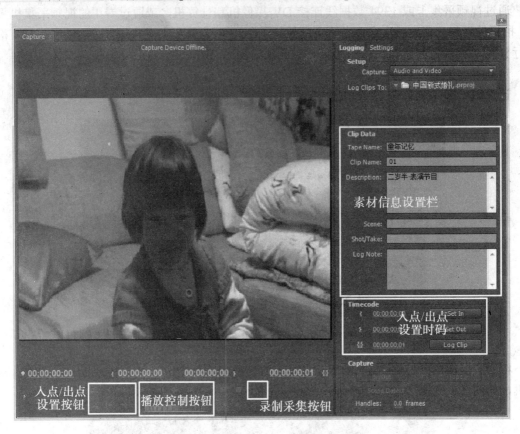

图 2-9　Premiere Pro CS4 采集窗口

（2）在素材信息设置栏中输入适合的素材信息标签。单击采集窗口中的【Settings】设置按钮，进入采集素材保存的磁盘位置设置，如图 2-10 所示。单击【Browse】浏览按钮设置采集视频和音频素材保存的磁盘位置。

（3）单击播放控制按钮浏览 DV 视音频素材。在需要采集素材的起终点分别设置入点、出点，设定采集范围。

（4）按下【入/出】按钮，系统会根据设定的采集范围将素材采集保存到指定的路径。如果不设置入出点，也可以在直接播放素材时按下 ⬤【录制】按钮，采集结束时按下 ◼【停止】按钮。

（5）完成录制后关闭【Capture】采集窗口，在【Project】项目面板里可以看到刚采集的素材，如图 2-11 所示。

注意：建立项目文件的视频制式应该与采集素材的视频制式一致，否则输出影片的画面将发生变形。如建立文件是 NTSC 制，而采集的素材是 PAL 制，则输出画面时源素材画面尺寸的 720×576 像素将被转换成 720×480 像素大小，因此画面会发生变形。

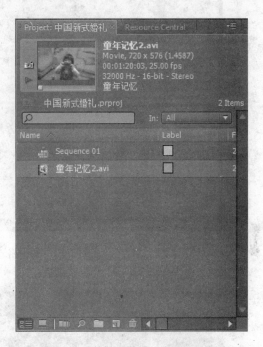

　　图 2-10　采集【Settings】面板　　　　　　　图 2-11　采集素材出现在项目面板中

2.2.2　获取手机素材

　　步骤 1　连接手机。

　　（1）当用 USB 数据线连接手机和计算机时，有时需要在计算机上安装手机自带的驱动程序，手机才能被计算机系统识别。

　　（2）当使用红外线方式连接手机和计算机时，手机和计算机之间距离不能太远，而且两个设备的红外线接口要对准。

　　（3）当使用蓝牙方式连接手机和计算机时，两个设备必须都配有蓝牙芯片或蓝牙适配器。

　　步骤 2　手机视频的格式转换。

　　手机视频的格式通常是 3GP，可以被 Premiere Pro CS4 识别。如果手机视频格式不能被识别时，必须借助视频格式转换软件（如格式工厂）对其格式进行转换，如图 2-12 所示。

　　步骤 3　创建项目文件。

　　手机拍摄的素材具有不同的尺寸和规格，因此创建的文件项目也要进行相应的设置。

　　（1）执行【New Project】→【General】→【Edit Format】命令，选择【Desktop】。

　　（2）根据手机视频的宽高设置项目的【Frame Size】屏幕尺寸。

　　（3）如果手机视频没有场，则将【Fields】场设置为【No Fields】无场，如图 2-13 所示。

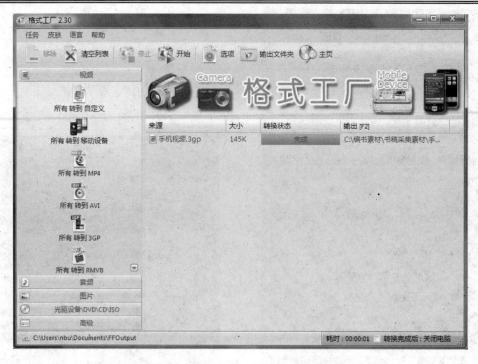

图 2-12　利用格式工厂转换文件格式

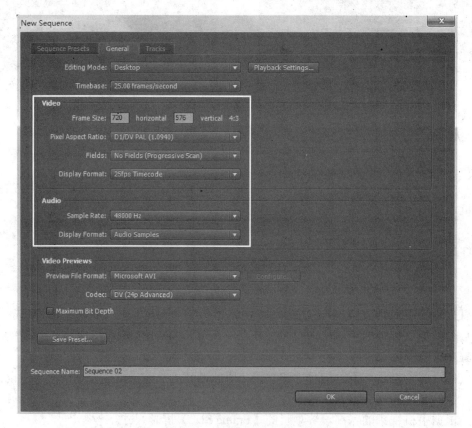

图 2-13　新建序列【General】选项卡参数设置

步骤 4 导入手机素材。

执行【File】文件→【Import】导入命令，打开【Import】对话框，找到手机视频存放的位置，将手机视频导入 Premiere Pro CS4 中，如图 2-14 和图 2-15 所示。

图 2-14 【Import】对话框

图 2-15 导入手机视频文件

2.2.3 获取数码相机视音频素材

步骤 1 连接数码相机。

使用 USB 数据线或将数码相机存储卡直接插入计算机 USB 插口，找到拍摄的视音频素材，将其复制到计算机中。

步骤 2　导入影片。

与导入手机素材一样，先设置项目文件相关参数，然后找到数码相机拍摄的素材，将其导入 Premiere 的项目文件中。

2.2.4　下载网络素材及格式转换

可以根据需要，利用网络下载工具下载网络视频和音频素材。很多网络视频素材的格式是 RMVB 或 RM 的，必须借助视频转换软件进行文件格式的转换，才能在 Premiere Pro CS4 中运用，格式转换方法同上。

2.3　导入管理素材

2.3.1　导入并分类素材

项目面板就像一个大仓库，有必要在仓库中放置几个储物柜，将仓库中众多"物件"（素材）分门别类地放在不同的柜子里，并在柜子上贴上标签，方便主人随时取用素材。这即是素材管理的重要性所在。

通常将素材按"视频"、"音频"、"图片"、"动画"等类型分类，也可以按影片发展的过程进行分类。

单击【Project】项目面板上的 图标，即可在项目面板中新建一个素材文件夹，选中新建的文件夹，单击文件夹名称，可以更改文件夹的名称，如图 2-16 所示。

图 2-16　在项目面板中新建素材文件夹

选中文件夹，右击（用鼠标右键单击）弹出一个快捷菜单，单击【Import】导入，弹出导入素材文件的对话框，选中需要的素材，单击【打开】按钮，即可以导入需要的素材，如图 2-17 所示。

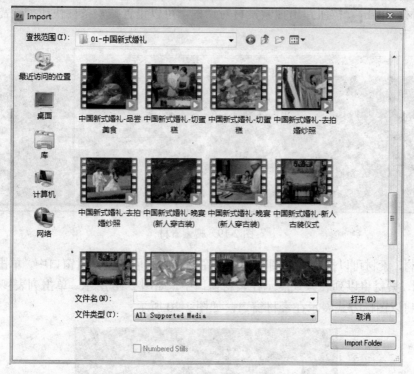

图 2-17　【Import】导入素材

也可以执行【File】文件→【Import】导入命令，或在项目面板中双击，弹出导入素材对话框，找到所需素材导入到指定文件夹中。同理创建其余文件夹，并给文件夹中导入素材。

2.3.2　查看、搜索、删除素材

查看素材信息，在项目面板中单击任意素材，在项目面板上方即可显示该素材的详细信息，如图 2-18 所示。

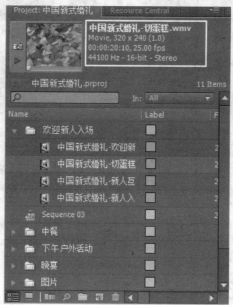

图 2-18　查看素材信息

搜索素材，单击 按钮弹出搜索素材对话框，可以设置搜索条件快速搜索需要的素材，如图 2-19 所示。

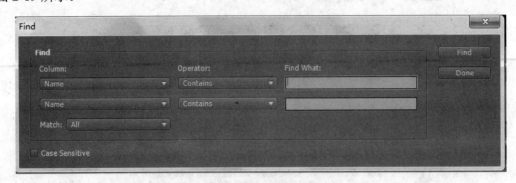

图 2-19　搜索素材

展示素材，素材可以按列表视图和图标视图两种方式展示在素材窗口中，单击项目面板下方的 图标，素材将以列表方式展示在素材窗口中，如图 2-18 所示。单击列表视图旁边的 按钮，素材将以图标方式展示在素材窗口，如图 2-20 所示。

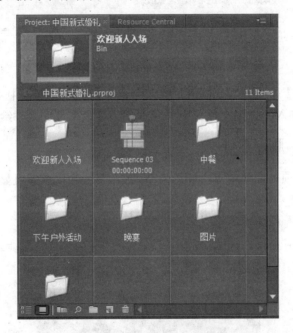

图 2-20　图标方式显示素材

删除素材，单击素材窗口中不需要的素材，直接将其拖动到素材窗口下方的 【清除】按钮，即可删除该素材；单击不需要的素材，再单击 按钮，也可以删除该素材。

2.4　案　例　制　作

2.4.1　观看案例及影片分析

为了彰显个性，现在很多年轻人选择了更为时尚、浪漫、简约，但又中西合璧式的中国新式婚礼形式，本案例将根据拍摄的婚礼素材对婚礼过程的精彩瞬间进行剪辑记录，并配以片头和字幕，影片风格力求清新简约。

仔细分析影片拍摄素材，可以发现婚礼主体主要包括"欢迎新人入场"、"中餐"、"下午户外活动"及"晚宴"四个部分。

2.4.2　案例制作流程

（1）分析素材确定影片风格和结构。

（2）创建项目导入素材。

（3）编辑序列，粗剪素材。

（4）添加特效，精编素材。

（5）制作片头、字幕，编辑音效等。

（6）序列嵌套，输出影片。

2.4.3　操作步骤

利用剪辑软件进行剪辑时，具体到每段视频画面都要首先分析整段视频，然后确定大致分解出哪些镜头画面，以及如何组接这些镜头，才能符合一般的生活逻辑，满足观众观看时的心理和情绪需求。

下面依次介绍 4 个段落的剪辑过程，然后根据影片素材和剪辑风格制作相应的片头及片尾字幕，完成整个影片的剪辑。

1．"欢迎新人入场"部分操作步骤

一般婚礼仪式中，新人入场后将伴随一系列重要的仪式来见证婚姻的神圣。通过网络或其他渠道可以查阅到新人入场后，通常包含"交换戒指、切蛋糕、喝交杯酒"等仪式。

观看影片素材，发现新人喝交杯酒时服饰与入场时一致，而交换戒指与切蛋糕时服饰一致且更换了一套，因此在新人入场这一段落中素材链接的基本顺序是新人入场→喝交杯酒→交换戒指→切蛋糕，如果变换顺序可能使观众逻辑混乱，观看视觉上也会跳跃较大。

步骤 1　启动 Premiere Pro CS4，创建项目，设置项目参数如图 2-21 和图 2-22 所示。

步骤 2　在项目面板中新建"欢迎新人入场"、"中餐"、"下午户外活动"及"晚宴" 4 个文件夹，并导入相应素材。

"欢迎新人入场"文件夹包含新人入场、新人入席喝交杯酒、切蛋糕、新人互换戒指 4 段素材；"中餐"文件夹包含品尝美食一段素材；"下午户外活动"文件夹包含抛彩球和去拍婚纱照两段素材；"晚宴"包含新人古装仪式和晚宴两段素材。

步骤 3　选中素材"欢迎新人入场"直接拖动到源监视器窗口，或双击该素材同样可以在源监视器窗口显示该素材，如图 2-23 所示。

❖【播放控制】播放素材时，既可以单击播放按钮以正常速度播放，也可以单击逐帧后退或逐帧前进按钮逐帧查找需要的画面入点或出点，还可以拖动微调按钮或飞梭按钮以控制播放速度，或者直接调整黄色的时间码上的数值控制播放头位置。

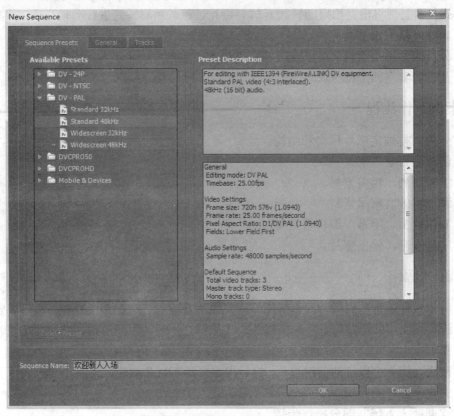

图 2-21 新建项目序列预设【Sequence Presets】

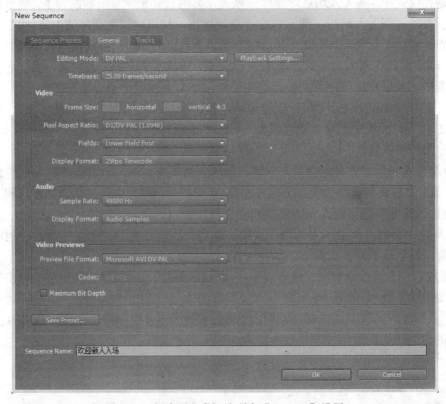

图 2-22 新建项目常规选项卡【General】设置

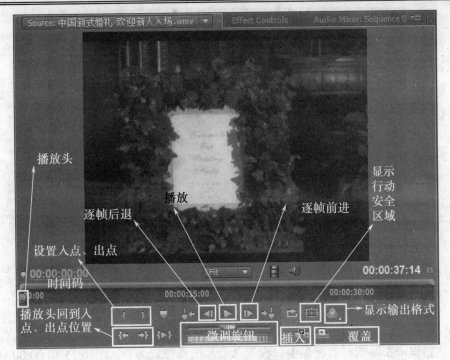

图 2-23　【Source】源监视器窗口

❖ 【插入按钮】单击该按钮，可以将设定好入点和出点的素材直接插入到时间线上，而将时间线上相应位置素材挤到该段素材后面，而不会覆盖掉它。

❖ 【覆盖按钮】单击该按钮，可以将设定好入点和出点的素材直接插入到时间线上，并且把时间线上相应位置的原有素材覆盖掉。

❖ 【显示输出格式】单击该按钮，会弹出一个快捷菜单，以控制素材在监视器窗口中显示的格式。

步骤 4　在源监视器窗口播放整段视频画面，确定要将整段视频分成"迎宾花"、"新人在楼上打招呼"、"来宾鼓掌欢迎"、"新人下楼"等镜头。

步骤 5　在源监视器窗口，将播放头移到 00:00:00:00 帧，单击 ⌐ 按钮设置入点，然后再移动到 00:00:03:21 帧，单击 ⌐ 按钮设置出点。单击 ⌐⌐ 按钮，可以观看选定的视频片段。

步骤 6　单击激活时间线窗口，选中视频 1 轨道，将播放头移到 00:00:00:00 帧处，然后单击源素材窗口中 ⌐ 按钮，即可以将选定的素材添加到时间线上，同时在节目监视器窗口呈现时间线轨道上的画面内容，如图 2-24 所示。

技巧：时间线轨道上的音视频内容与节目监视器窗口中播放的内容是对应关联的。

【三点剪辑】源素材设置入点和出点，而在时间线上只设置入点进行素材剪辑的方法称为三点剪辑。

【四点剪辑】在源监视器窗口设置源素材入点和出点，在节目监视器窗口同时设置入点和出点对素材进行剪辑的方法称为四点剪辑。在四点剪辑中，当选择的源素材时间长度与节目监视器中设置的节目输出时间长度不一致时，会弹出一个对话框，供编辑人员选择插入选定源素材的方式，读者可以自己动手操作检验。

图 2-24　节目监视器【Program】窗口

　　步骤 7　同理，在源素材监视器窗口设置入点和出点位置为 00:00:16:15 和 00:00:19:16。移动时间线上播放头到第一段视频结尾即 00:00:03:22 帧处，然后插入选中的视频镜头。入点及出点画面如图 2-25 和图 2-26 所示。

图 2-25　入点画面

图 2-26　出点画面

　　技巧：要删除时间线上的素材片段，单击该素材，右击弹出快捷菜单，选择【Clear】清除命令即可。

　　步骤 8　在源素材监视器窗口设置入点和出点位置为 00:00:26:22 和 00:00:29:24，同理将其插入到时间线上一段视频的后面。入点及出点画面如图 2-27 和图 2-28 所示。

　　步骤 9　下面再接一个来宾鼓掌镜头，参照步骤 5 设置素材入点和出点分别为 00:00:19:17 和 00:00:20:20，并将其插入到时间线上一段视频后面。入点及出点画面如图 2-29 和图 2-30 所示。

　　步骤 10　下面接新人走下楼镜头，设置入点与出点分别为 00:00:31:07 和 00:00:37:13，并将其插入到时间线上一段视频后面。入点及出点画面如图 2-31 和图 2-32 所示。

图 2-27　入点画面　　　　　　　　　　　　图 2-28　出点画面

图 2-29　入点画面　　　　　　　　　　　　图 2-30　出点画面

图 2-31　入点画面　　　　　　　　　　　　图 2-32　出点画面

技巧：当同一主体不同景别镜头组接时，主体应在画面同一位置，这即是镜头组接时主体位置匹配的基本规律。如果同一主体不同景别镜头组接时，主体位置不匹配，则会产生视觉跳跃。而步骤 6 中镜头结束帧画面为  主体为近景，步骤 8 中镜头首帧画面为

 主体为全景，这正是同一主体不同景别两个镜头，可见主体位置并不匹配，场

景也有明显变化，因此在这两个镜头之间插入一个来宾鼓掌镜头的类似反应镜头加以间隔，使主体运动位置及运动时间和空间得到延续和变化，这样镜头组接起来不会太跳跃。

步骤 11 下面将组接新人入席及喝交杯酒的镜头。双击素材"新人入席—喝交杯酒"在源素材窗口展示视频内容，选择设置两个镜头，其入点、出点分别为 00:00:00:03～00:00:02:13，00:00:06:16～00:00:08:08，并将它们依次插入到视频 1 轨道前面的一段素材后，如图 2-33 和图 2-34 所示。

图 2-33　入点画面　　　　　　　　　图 2-34　出点画面

技巧：因为场景发生转换，需要插入一些其他人或物的关系镜头或场景的空镜头。

步骤 12 双击素材"切蛋糕"到源监视器窗口，设置入点和出点分别为 00:00:12:19 和 00:00:14:19，并将其插入到时间线前一段素材后，如图 2-35 所示。

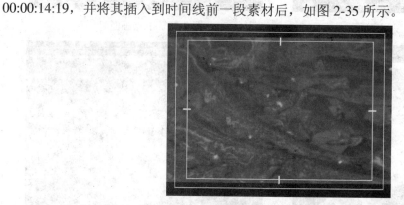

图 2-35　出点画面

步骤 13 在源监视器窗口设置素材"新人入席—喝交杯酒"入点为 00:00:09:15，出点为 00:00:14:18，并将其插入到时间线前一段素材后，如图 2-36 和图 2-37 所示。

图 2-36　入点画面　　　　　　　　　图 2-37　出点画面

步骤 14　下面接来宾鼓掌镜头，在源监视器窗口设置素材"新人入席—喝交杯酒"的入点、出点分别为 00:00:19:21～00:00:22:23，并将其插入到时间线前一段素材后，如图 2-38 和图 2-39 所示。

图 2-38　入点画面　　　　　　　　　　　　图 2-39　出点画面

步骤 15　下面接新人中近景镜头，在源监视器窗口设置素材"新人入席—喝交杯酒"的入点、出点分别为 00:00:15:23～00:00:19:08，并将其插入到时间线前一段素材后，如图 2-40 和图 2-41 所示。

图 2-40　入点画面　　　　　　　　　　　　图 2-41　出点画面

步骤 16　下面新人将喝交杯酒，首先插入两个场景空镜头。在源监视器窗口设置素材"新人互换戒指"的入点、出点分别为 00:00:00:00～00:00:01:24，并将其插入到时间线前一段素材后。在源监视器窗口设置素材"新人入席—喝交杯酒"的入点和出点分别为 00:00:23:01～00:00:25:01，并将其插入到时间线前一段素材后，如图 2-42 和图 2-43 所示。

图 2-42　入点画面　　　　　　　　　　　　图 2-43　出点画面

步骤 17 接新人喝交杯酒镜头，在源监视器窗口设置素材"新人入席—喝交杯酒"的入点和出点分别为 00:00:26:16～00:00:37:13，并将其插入到时间线前一段素材后，如图 2-44 和图 2-45 所示。

图 2-44　入点画面　　　　　　　　　　　　图 2-45　出点画面

步骤 18 接新人交换戒指镜头，在源监视器窗口设置素材"新人互换戒指"的入点和出点分别为 00:00:03:15～00:00:20:11，并将其插入到时间线前一段素材后，如图 2-46 和图 2-47 所示。

图 2-46　入点画面　　　　　　　　　　　　图 2-47　出点画面

步骤 19 接新人切蛋糕镜头，在源监视器窗口设置素材"切蛋糕"的入点和出点分别为 00:00:02:06～00:00:11:18，并将其插入到时间线前一段素材后，如图 2-48 和图 2-49 所示。

图 2-48　入点画面　　　　　　　　　　　　图 2-49　出点画面

步骤 20 渲染序列文件。在节目监视器窗口中播放刚刚粗剪的序列 01 整段视频画面，会发现播放不是很流畅，观看时间线会发现工作区域标尺下方呈现红色线条，说明该段视频需要预渲染才能流畅播放，如图 2-50 所示。

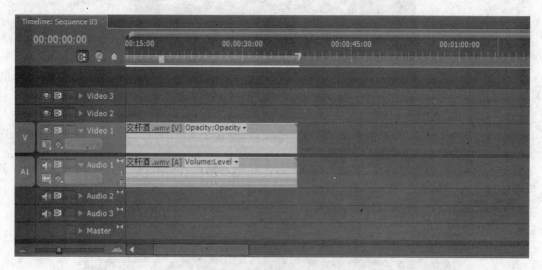

图 2-50　序列需要内存预渲染

选中需要预渲染的工作区域，单击【Sequence】序列菜单下的【Render Entire Work Area】渲染整段工作区，系统自动对工作区内素材进行渲染，如图 2-51 所示。

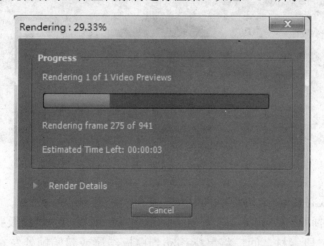

图 2-51　预渲染时间线片段

渲染完毕，时间线上工作区域标尺下的红线将变成绿线，再重新播放时间线上的节目，会发现播放已经很流畅了。

步骤 21 添加闪白。仔细观看时间线上第一段视频与第二段视频，播放时仍然感觉有跳动，为此可在两段素材之间制作一个闪白并配合素材透明度进行调整，以减弱两段素材镜头组接时的跳动感。

1）闪白制作方法

（1）首先制作一个白板。单击项目面板下的新建按钮，弹出快捷菜单，选择【Color Matte】彩色蒙版，进入【New Color Matte】新建彩色蒙版对话框，如图 2-52 所示。

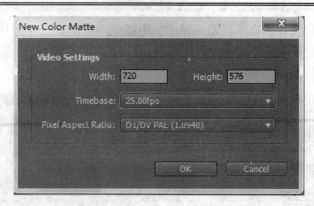

图 2-52　新建彩色蒙版

单击【OK】按钮，进入【Color Picker】颜色拾取对话框，拾取白色单击【OK】即可，然后为蒙版取名为"闪白"（同理可以制作其他颜色蒙版），如图 2-53 所示。

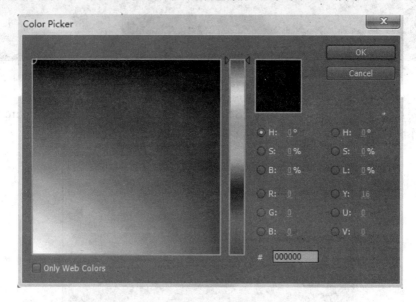

图 2-53　拾色器

制作完成的白板将自动添加到项目面板中。

（2）单击激活时间线上 Video 2 视频轨道，选中项目面板中的"白板"直接拖动到时间线上第一段素材与第二段素材之间，将鼠标移动到白板结尾或起始帧处左右拖动调整白板的长度，通常闪白持续 4～7 帧画面，根据具体情况做适当调整。

（3）单击 Video 2 轨道前面的三角图标 展开视频轨道，可以看见"白板"素材上出现一条黄线用于控制白板的透明度。选中"白板"，将播放头移动到"白板"起始帧单击 Video 2 轨道前面的添加关键帧按钮 ，同理在"白板"中间和结尾处添加两个透明度控制关键帧，然后拖动起始关键帧和结尾关键帧降低透明度，模拟闪光灯闪光过程，如图 2-54 所示。

图 2-54　添加关键帧

（4）在节目监视器窗口观看闪白效果，调整白板长度及透明度，使闪白效果更好掩盖镜头组接时的跳动感。

2）精剪影片

以上剪辑通常称为粗剪，为了使镜头组接更流畅，需要对时间线上镜头片段的入点和出点进行更为细致的精剪修正。精剪镜头主要有两种方法，即利用精剪工具及利用【Trim】修正监视器修正。

■ 精剪工具

波纹工具：利用该工具可以调整时间线上某段素材片段的入点和出点而影响该段素材的时长，调整完毕后该素材后面的素材紧随其后分布在时间线上，而不会因前段素材时长调整使前后两段素材之间产生间隙，使轨道出现黑场现象。调整完毕后，整个节目时长也会随之变化。利用波纹工具调整时间线上素材入点或出点时，节目监视器窗口将同时展现该段素材调整后的入点或出点画面，以及与该段素材紧挨着的素材的首帧或尾帧画面，以方便剪辑人员找到前后两个镜头组接时最匹配的画面。

滚动工具：利用该工具可以同时调整相邻两段素材的入点、出点，而不影响两段素材的节目总时长。将滚动工具移动到相邻两段素材衔接处左右微调移动，节目监视器窗口可以看见前后两段视频调整过的出点及入点帧画面，方便剪辑人员找到前后两个镜头组接时最匹配的画面。

错落工具：前后三段相邻素材，利用该工具可以调整中间段素材的入点和出点，而紧邻的前后两段素材的入点及出点不做任何改变，调整完成后总节目时长不变。将错落工具移动到中间段素材上左右微调移动，在节目监视器窗口可以同时看见前后两段素材的入点及出点帧处的画面，以及中间段素材调整后的入点及出点帧处的画面，以方便剪辑人员找到前后两个镜头组接时最匹配的画面。

滑动工具：前后三段相邻素材，利用该工具可以保证在中间段素材的入点及出点不变的情况下，同时改变相邻两段素材的入点及出点，调整完成后总节目时长不变。将滑动工具移动到中间段素材上左右微调移动，在节目监视器窗口可以同时看见中间段素材入点及出点的帧画面，以及调整过的前后两段素材的入点及出点的帧画面，以方便剪辑人员找到前后两个镜头组接时最匹配的画面。

■【Trim】修正监视器

在时间线上，将播放头移动到某段素材结尾或起始帧处，单击节目监视器窗口上的【Trim】修正监视器按钮，即可以打开修正监视器窗口。在修正监视器窗口中可以呈现前后两段视频的入点和出点帧画面，可以对入点及出点逐帧调整或 5 帧调整，也可以利用微调旋钮精细调整入点及出点画面，如图 2-55 所示。

2. “中餐”部分操作步骤

步骤 22 单击项目面板中的新建按钮，弹出快捷菜单，选择【Sequence】序列，则系统自动新建一个【Sequence】序列。在项目面板上单击序列名称处，可以更改序列名称为“中餐”，同理更改序列名称为“欢迎新人入场”。

技巧：可以将一个较长的影片分割成几个不同的场景部分，并为每个场景部分新建一个序列，这个序列里包含场景中所有镜头片段。

步骤 23 双击源素材“品尝美食”，在源监视器窗口展示素材内容，分别设置四段镜头片段，入点及出点为 00:00:29:08～00:00:51:20，00:00:01:03～00:00:26:04，00:01:02:03～00:01:06:15，

00:00:52:16～00:00:59:08，并将它们依次插入到时间线视频 1 轨道上。

图 2-55　【Trim】面板

3. "下午户外活动"部分操作步骤

步骤 24　新建一个序列命名为"下午户外活动"，这个序列里主要包含抛彩球和拍婚纱照两个重要活动。

步骤 25　双击源素材"切蛋糕"到源监视器窗口，设置入点与出点为 00:00:16:14～00:00:20:09，并将其插入到视频 1 轨道起始帧位置。

步骤 26　双击源素材"抛彩球"到源监视器窗口，设置入点与出点为 00:00:00:00～00:00:02:07，并将其插入到前一段素材后面。

步骤 27　双击源素材"抛彩球"到源监视器窗口，设置入点与出点为 00:00:05:00～00:00:08:10，并将其插入到前一段素材后面。

技巧：步骤 26 与步骤 27 的画面内容都是抛彩球，但要注意动作剪接点的选择。当一个动作分不同机位拍摄时，不同景别画面衔接时要特别注意寻找动作停顿点或动作转折点进行剪接，前面一个镜头从动作停顿点处切出，后一个镜头从动作停顿点之后一帧画面切入，这样两个镜头组接时，动作就容易连贯。

步骤 28　将源素材"去拍婚纱照"直接拖动到视频轨道 1 前一段素材后。完成此段影片剪辑。

4. "晚宴"部分操作步骤

步骤 29　新建一个序列命名为"晚宴"。双击源素材"新人古装仪式"到源监视器窗口，设置入点和出点为 00:00:35:11～00:00:43:24，并将其插入到视频 1 轨道的起始帧。

步骤 30　双击源素材"新人古装仪式"到源监视器窗口，设置入点与出点为 00:00:00:07～00:00:27:14，并将其插入到前一段素材后面。

步骤 31　双击源素材"晚宴（新人穿古装）"到源监视器窗口，设置入点与出点为 00:00:00:00～00:00:24:00，并将其插入到前一段素材后面。

步骤 32　双击源素材"晚宴（新人穿古装）"到源监视器窗口，设置入点与出点为 00:00:30:23～

00:00:36:08，并将其插入到前一段素材后面。

步骤 33　双击源素材"晚宴（新人穿古装）"到源监视器窗口，设置入点与出点为 00:00:41:09～00:01:22:02，并将其插入到前一段素材后面。

步骤 34　双击源素材"新人古装仪式"到源监视器窗口，设置入点与出点为 00:02:17:29～00:02:28:09，并将其插入到前一段素材后面，完成整段视频的剪辑。

5．"序列嵌套"部分操作步骤

步骤 35　新建一个序列命名为"合成"，将序列"欢迎新人入场"、"中餐"、"下午户外活动"及"晚宴"依次插入到视频 1 轨道上。

技巧：在 Premiere Pro CS4 中建立的序列可以进行多层嵌套，当对子层序列的素材进行剪辑及属性修改时，在父层（合成）序列中相应素材片段会同时发生相应改变。而单独修改父层（合成）序列的素材剪辑属性时，不会影响原来子层序列的剪辑。任一序列可以被多次应用在不同的合成序列中。

6．"特技转场"部分操作步骤

步骤 36　打开【Effect】效果面板，展开【Video Transitions】视频切换选项，Premiere Pro CS4 提供了 11 组视频特技转场，每组特技转场又包含一系列转场效果，如图 2-56 所示。

步骤 37　单击视频切换【Iris】划像旁边的三角图标，展开【Iris】划像特技转场组，选择其中的【Iris Round】圆形划像，直接将其拖动到序列"欢迎新人入场"与序列"中餐"连接处，如图 2-57 所示。

步骤 38　单击已添加的【Round Iris】圆形划像，在【Effect Control】特效控制窗口中可以对该特技转场的属性进行修改，如图 2-58 所示。

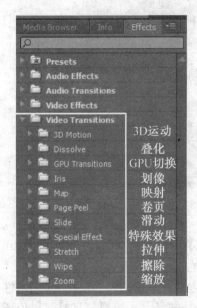

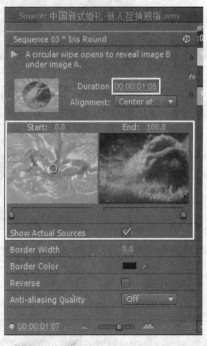

图 2-56　【Video Transitions】视频转场　图 2-57　添加转场效果　图 2-58　在特效控制窗口设置视频转场参数

❖　【Duration】转场持续时间：在特效控制台中，将鼠标移动到持续时间后边的黄色时间码上左右移动鼠标，即可以更改特技转场的持续时间，也可以直接单击该黄色时间码，然后通过键盘输入更改特技转场的持续时间。

❖ 【Show Actual Sources】显示实际来源：勾选显示实际来源旁边的复选框，可以直接显示时间线视频轨道上进行视频特技转场的前后两段素材的出点和入点画面。

❖ 【Alignment】对齐：对齐用于控制特技转场对齐到素材上的位置，如前一段素材出点、两段素材中间、后一段素材入点。

以上 3 项属性设置是所有特技转场都具有的，不同的特技转场还具有一些独有的属性，比如本项特技转场中还可以对【Border Width】边宽、【Border Color】边色及【Reverse】反转进行设置更改。

❖ 更改特技转场默认持续时间：在项目设置完成后，软件默认一个特技转场时间，要修改软件系统默认的特技转场时间，可以单击【Edit】编辑菜单下的【Preferences】首选项，选择【General】常规，弹出【General】常规设置对话框，可以在此直接更改【Video Transition Default Duration】视频切换默认持续时间，如图 2-59 所示。

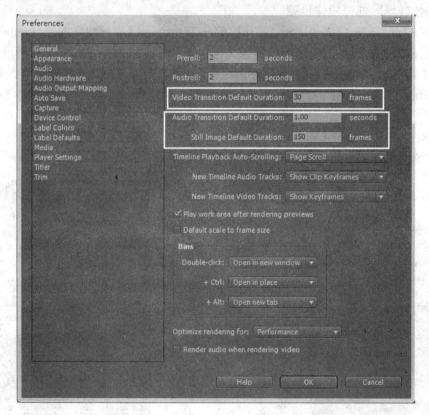

图 2-59　【Preferences】对话框

❖ 在此，还可以更改【Audio Transition Default Duration】音频过渡默认持续时间、【Still Image Default Duration】静帧图像默认持续时间及其他首选项设置。

在对时空转换的镜头进行组接时，通常有两种转场组接方法，一种称为"跳切"（艺术性技巧转场），另一种就是通过剪辑软件的特技转场功能进行特技转场。在编辑节目时，提倡通过艺术性技巧转场进行"跳切"，而尽量少用"特技转场"。

特技转场应用注意事项。

➢ 过多应用甚至滥用特技转场，可能导致镜头剪辑过于"花哨"，让人"眼花缭乱"，从而干扰观众对于镜头画面主体情节的观赏，有"画蛇添足"、"喧宾夺主"的嫌疑。

➢ 特技转场常常应用在含有较多静帧图片的电子相册制作领域。

➢ 在应用特技转场时，应注意特技转场本身传达的节奏感是不同的。比如，"叠化"表现的节奏往往较舒缓，而"划像"比较轻松、明快，"擦除"、"滑动"、"缩放"和"伸展"等也具有明显的节奏感。应用时，要使特技转场的节奏与镜头节奏、音乐节奏、叙事节奏匹配。

➢ 特技转场既可以用在两段素材之间进行时空转换（称为"双边转场"），也可以单独用在某段素材的"起始"和"结束"位置，称为"单边转场"。

➢ 注意特技转场的形式与镜头画面内容的匹配。比如，后一段素材起始位置画面有明显的中心点、画面中有圆形或要表现旋转的动作，可以配合"圆形划像"特技转场。简言之，应用特技转场时，注意查找画面内容特点，尽量让特技转场与镜头内容无缝衔接。

➢ 当连续应用多个特技转场时，应注意相邻的两个特技转场在表现形式上的前后呼应与配合。

➢ 常用的特技转场如下。

◇ 显、隐：也称淡入、淡出，常用于表现一个情节的开始和结束，或表现天亮天黑等。

◇ 叠化：用于连接不同时空，表现时间的流逝，或用于连接回忆、想象、梦境等。

◇ 划像：用于连接跨度较大的时空。

◇ 静帧：用于片尾或分割不同段落，或在动作片中强调动作细节。

◇ 闪白：可用于掩盖同主体、同时空、同景别的跳动。

"跳切"艺术性转场应用原则。

在为时空转换的镜头进行跳切时，在组接的两个镜头之间必须具有承上启下的因素，符合一般的生活逻辑和观众的视觉习惯或心理需求。常见的"跳切"技巧如下。

➢ 应用前后两个镜头中的相似体进行时空转换。

➢ 用同一主体特写，拉出大场面进行时空转换。

➢ 利用主体出画入画进行时空转换。

➢ 利用因果关系镜头进行时空转换。

➢ 利用主观镜头进行时空转换。

➢ 利用声音进行时空转换。

➢ 利用运动镜头进行时空转换。

➢ 利用空镜头进行时空转换。

➢ 利用挡黑或挡住镜头进行时空转换。

7. 添加音频效果操作步骤

步骤 39 为合成序列添加一段 mp3 音乐"今天你要嫁给我"，铺设在 Audio1 音轨上，调整音乐素材的时长及音乐节奏，尽量与画面配合。

步骤 40 选中音乐素材，展开音轨前面的三角按钮，通过添加关键帧，可以调整音乐的音量大小，调整方法类似于调整视频透明度大小。

影片的声音效果主要包括同期声、配音、音乐和音响等。

声音与画面的剪辑顺序因影片的类型而不同。在影视节目中先剪辑画面，再添加必要的声音效果；在剪辑音乐 MTV 时，先要铺设声音效果，然后再剪辑画面。

在 Premiere Pro CS4 中，可以根据影片需要添加各种声音效果，它具有 3 种音轨类型：单声道、立体声及 5.1 环绕立体声。选中音频轨道，右击选择"添加轨道"，弹出添加轨道对话框，可以根据需要添加音频轨道，如图 2-60 所示。

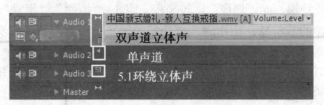

图 2-60　音轨类型

8. 片头及添加字幕部分操作步骤

婚礼的主体部分已经剪辑完成，并添加了相应的音乐。下面根据现有素材为影片制作一个片头，并添加必要的字幕效果。

片头主要对一些婚礼过程中的静帧图片进行串联，展示婚礼的甜蜜和难忘的精彩瞬间，这首先需要观看源素材，然后选定需要的静帧图片导出备用。

步骤 41　新建序列命名为"片头"。

步骤 42　拖动源素材"新人互换戒指"到 Video1 视频轨道（可以直接在先前建立的序列时间线上找到所需的素材片段），将播放头移动到 00：00：00：00 处，单击菜单【File】，选择【Export】下面的【Media】媒体，弹出【Export Settings】对话框，如图 2-61 所示。

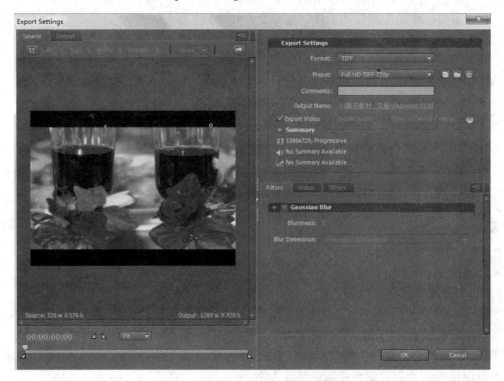

图 2-61　【Export Settings】输出设置

步骤 43　单击导出设置中【Format】格式旁边的三角形下拉菜单，选择【TIFF】或【Windows位图】均可，单击确定弹出【Adobe Media Encoder】对话框，修改名称和保存位置，单击

Start Queue 按钮，如图 2-62 所示。

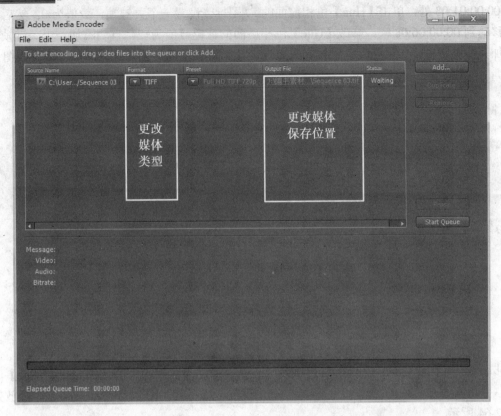

图 2-62　【Adobe Media Encoder】对话框

单击 Preset ▼ Full HD TIFF 720p 按钮，可以回到图 2-61 所示界面，重新对输出媒体进行参数修改。

步骤 44　同理导出需要的静帧图片，将其保存在统一的位置中。

步骤 45　为了统一调整导入静帧图片的默认持续时间，可以单击【Edit】编辑菜单下的【Preferences】首选项，选择【General】常规按钮，在此对话框中统一修改【Still Image Default Duration】静帧图片的持续时间为 50 帧。

步骤 46　选中源素材管理窗口中的"图片"文件夹，右击弹出快捷菜单，选择【Import】导入，弹出导入素材对话框，利用框选方式一次性将所需静帧图片全部导入"图片"文件夹中。

步骤 47　选择静帧图片 8，将其直接拖入到视频 1 轨道起始帧处，选择工具箱中的选择工具 ，将其移动到静帧图片结尾帧，向右拖动延长静帧图片持续时间为 2 秒 23 帧。

技巧：静帧图片时间可以任意延长。

步骤 48　激活 Video 2 视频轨道，将播放头移动到 00:00:01:03 帧处，选中静帧图片 12 将其直接插入到视频轨道 00:00:01:03 帧处，将静帧图片 12 持续时间延长至 00:00:20:16 帧处，将其作为背景图片。

步骤 49　展开【Effect】特效窗口中的【Video Effect】视频特效，选择其中的【Color Balance HLS】色彩平衡 HLS，将其直接拖曳到时间线上的静帧图片 12 上，为其添加视频特效。

步骤 50　单击源监视器上的特效控制台，会发现视频特效【Color Balance HLS】色彩平衡 HLS 已经出现在特效控制台上了。

步骤 51 下面为静帧图片添加色彩平衡的视频特效动画效果。在特效控制台上，移动播放头到 00:00:01:03 处，单击【Hue】色相前面的 ⬛ 图标，设置一个关键帧，数值为 0；然后将播放头移动到 00:00:06:08 帧，修改【Hue】色相后面的黄色数值为-3，自动添加一个关键帧；同理添加其他关键帧。如果删除关键帧，只要选中该关键帧然后右击，选择清除即可，如图 2-63 所示。

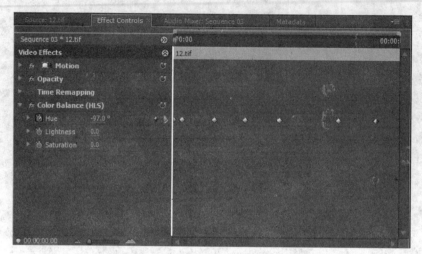

图 2-63　删除关键帧

步骤 52 选择【Video Transition】视频切换中的【Wipe】擦除中的【Gradient Wipe】渐变擦除，并将其添加到静帧图片 12 的开始位置，设置转场持续时间为 00:00:01:14 帧。播放效果如图 2-64 所示。

图 2-64　【Gradient Wipe】转场效果

步骤 53 选中 Video 3 视频轨道右击，再添加 3 个视频轨道。

步骤 54 选中 Video 3 视频轨道，将时间线上的播放头移动到 00:00:02:00 帧，添加静帧图片 9 到 Video 3 视频轨道，使图片持续到 00:00:04:14 帧。

步骤 55 打开【Effect Control】特效控制台，将播放头设置在 00:00:02:00 处，展开【Motion】运动属性下拉列表，单击【Position】位置，单击前面的 ⬛ 设置一个关键帧，数值为（-182，288），将该图片移动到屏幕外侧。同理在 00:00:02:17 帧处设置位置数值为（185，288），在 00:00:03:07 帧处设置位置数值为（185，288），移动播放头到图片结束帧，设置位置数值为（880，288）。

步骤 56　取消【Uniform Scale】等比缩放，在 00:00:03:07 帧处，设置图片缩放（【Scale Hight】高度 100，【Scale Width】宽度 50），在图片结束帧，设置图片缩放为（高度 10，宽度 5）。

步骤 57　激活时间线上 Video 4 视频轨道，将播放头移动到静帧图片 9 的起始帧处，插入静帧图片 2 到该位置，设置静帧图片 2 持续到 00:00:06:04 帧处。

步骤 58　打开【Effect Control】特效控制台，将播放头移动到静帧图片起始帧处，设置【Position】位置为（899，288）；在 00:00:02:17 帧处，设置位置为（539，288）；在 00:00:03:03 帧处，设置位置为（539，288）；在 00:00:04:14 帧处，设置位置为（187，288）；在结束帧处设置位置为（187，288）。

步骤 59　设置缩放属性动画。在 00:00:03:03 帧处，缩放为（高度 100，宽度 50），在结束帧处，缩放为（高度 0，宽度 0）。

步骤 60　激活 Video 3 视频轨道，将播放头移动到 00:00:04:15 帧处，将静帧图片 1 插入到静帧图片 9 后面，静帧图片 1 持续到 00:00:07:04 帧处。

步骤 61　选中静帧图片 1，打开特效控制台，设置该静帧图片的运动属性动画，如表 2-1 所示。

表 2-1　图片 1 的运动属性动画

播放头位置	位置【Position】	缩放高度【Scale Hight】	缩放宽度【Scale Width】
00:00:04:15	889，288	10	5
00:00:05:01	504，288	100	50
00:00:06:07	379，288	100	50

步骤 62　在静帧图片结尾处添加【Video Transition】视频切换中【Slide】滑动中的【Push】推特技转场，设置转场持续时间为 1 秒。

步骤 63　将播放头移动到静帧图片 1 结尾处，激活 Video 3 视频轨道，插入静帧图片 5，设置持续至 00:00:09:01 帧处，在其结尾帧处添加【Slide】滑动中的【Push】推特技转场，转场持续时间为 15 帧。

步骤 64　在静帧图片 5 后面插入静帧图片 4，持续至 00:00:11:01 帧处，在其结尾帧处添加【Wipe】擦除特技转场中的【Venetian Blinds】，设置转场持续时间为 1 秒 5 帧。

步骤 65　在静帧图片 4 后插入静帧图片 3，持续至 00:00:13:06。其缩放属性为高度 100，宽度 50。

步骤 66　激活 Video 4 视频轨道，将播放头移动到 00:00:12:12 帧处，插入静帧图片 9。在静帧图片 9 起始帧处添加特技转场【Iris Shapes】划像形状，转场持续时间为 1 秒 11 帧。其缩放属性为高度 100，宽度 50。

步骤 67　在静帧图片 9 后面插入静帧图片 13，持续至 00:00:16:14 帧处，设置其【Motion】运动属性参数如表 2-2 所示。其缩放属性为高度 100，宽度 50。

表 2-2　图片 13 的运动属性

播放头位置	位置【Position】
00:00:15:05	186，−219
00:00:14:19	186，286

步骤 68　在静帧图片 9 结尾帧处添加特技转场【Center Merge】中心合并，持续时间为 1

秒 12 帧。

步骤 69　激活 Video 3 视频轨道，将播放头移动到静帧图片 9 结尾帧，插入静帧图片 14，持续时间与静帧图片 13 相同，设置其运动属性参数如表 2-3 所示。其缩放属性为高度 100，宽度 50。

表2-3　图片 14 的运动属性

播放头位置	位置【Position】
00:00:15:05	533，820
00:00:14:19	533，287

步骤 70　为静帧图片 14 添加【Video Effect】视频特效中【Transform】变换中的【Horizontal Flip】水平反转特效。

步骤 71　激活 Video 3 视频轨道，在静帧图片 14 后面插入静帧图片 15，持续至 00:00:19:21 帧处。设置其运动属性如表 2-4 所示。

表2-4　图片 15 的运动属性

播放头位置	缩放高度【Scale Hight】	缩放宽度【Scale Width】
00:00:16:15	10	5
00:00:18:13	100	50

步骤 72　分别在静帧图片 14 的 00:00:19:04 帧处添加 Opacity 透明度关键帧，数值 100，在其结尾帧处设置其透明度为 10。使静帧图片 14 淡出。

步骤 73　同理在静帧图片 12 的 00:00:19:13 帧处设置 Opacity 透明度关键帧，数值 100，在结尾帧处设置透明度 10。

步骤 74　激活 Video 1 视频轨道，将播放头移动到 00:00:19:21 帧处，插入静帧图片 10，持续至 00:00:20:16，设置其 Opacity 透明度关键帧，使其淡入。

至此，片头制作完成，读者可根据情况尝试制作其他形式的片头。

技巧：静帧图片和视频都可以制作运动动画，从而可以制作视频画中画效果。可以在特效控制台中为素材的【Position】位置、【Scale】缩放、【Rotation】旋转及【Anchor Point】运动定位点等属性添加关键帧，设置合适的动画效果。

步骤 75　为片头添加合适的音乐"今天你要嫁给我"，入点和出点为 00:00:22:11 和 00:00:44:22。

步骤 76　将片头添加到合成序列中。

9．添加字幕部分操作步骤

步骤 77　单击项目面板中的新建 按钮，弹出快捷菜单，选择【Title】字幕，弹出【New Title】新建字幕对话框，如图 2-65 所示。

图 2-65　新建字幕

　　步骤 78 单击【OK】按钮，进入字幕制作窗口，输入需要的文字，在此可以设置字幕的相关属性，如图 2-66 所示。

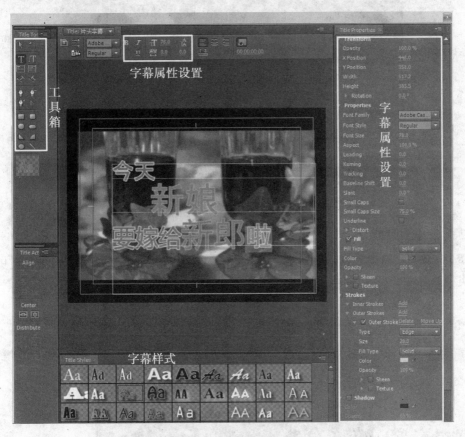

图 2-66　设置字幕属性

文字的属性（中英文对照）如图 2-67 和图 2-68 所示。

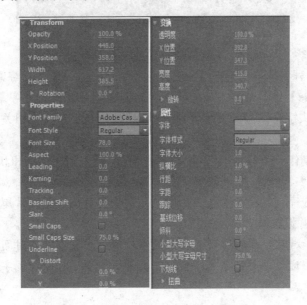

图 2-67　字幕属性

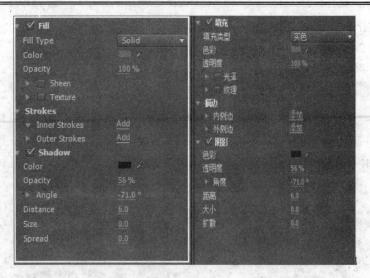

图 2-68　字幕填充颜色属性

步骤 79　单击字幕制作窗口上的 ▤，弹出【Roll/Crawl】滚动/游动选项对话框，可以选择字幕的类型，如图 2-69 所示。

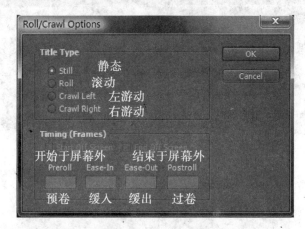

图 2-69　新建字幕类型

技巧：主要有 3 种字幕类型，即【Still】静态字幕、【Roll】上滚字幕及【Crawl】游动字幕，也可以通过【Title】字幕菜单下的【New Title】新建字幕来创建字幕。

步骤 80　制作片头字幕，输入文字"今天要嫁给新郎啦"，设置相关文字属性。制作完成后关闭字幕制作窗口，字幕自动添加到项目面板。

步骤 81　为片尾制作一个 Roll Title 上滚字幕"祝愿新人团团圆圆和和美美，生活像花儿一样"。

步骤 82　打开合成序列，激活 Video 2 视频轨道，将片头字幕和片尾滚动字幕分别添加到片头及片尾位置处，并设置其透明度关键帧，使其呈现淡入淡出效果。

技巧：滚动字幕和游动字幕的运动速度快慢可以通过控制字幕在时间线上的持续时间来控制。制作运动字幕时，通过调整字幕文字前面及后面的空格，可以控制字幕进入及离开屏幕的位置。

2.5　影片输出设置

2.5.1　常见的压缩编码器

1．压缩编码

视频素材通过数字化采集后，如果采用不压缩的方式，其数据量非常庞大，不利于编辑、处理、传输和存储，因此常采用压缩算法来减小文件的大小。下面介绍三种常用的视频编码压缩编码方式。

❖ JPEG：这种压缩编码方式是静态图像压缩的标准方式，用于连续色调、多级灰度、彩色和单色静态图像的压缩，具有较高压缩比，在压缩过程中失真较小。

❖ M-JPEG MOTION-JPEG：它是利用 JPEG 算法把一系列图像存于硬盘中，已被广泛应用于非线性编辑。它的优点是压缩和解压对称，可以用相同的硬件和软件实现。可以实现广播级标准的无损压缩，数据量非常庞大。

❖ MPEG：他依赖于 16×16 块的运动补偿和帧内图像的 JPEG 压缩。

MPEG-1 用于传输 1.5Mbps 数据传输率的数字存储媒体运动图像及伴音编码，经过 MPEG-1 标准压缩后，视频数据压缩率为 1/100～1/200，音频压缩率为 1/6.5。它提供 30fps 的 352×240 像素分辨率的图像。接近家用视频制式（VHS）录像带的质量。它可以将超过 70 分钟的高质量的音频和视频存储在一张 CD-ROM 上，VCD 也是采用 MPEG-1 标准的。

MPEG-2 主要针对 HDTV 的需要，传输速率为 10Mbps，与 MPEG-1 兼容，适用于 1.5～60Mbps 甚至更高的编码范围。它有 30fps 的 704×480 像素分辨率，播放速度是 MPEG-1 的 4 倍。它主要用于高标准的广播和娱乐领域，是家用视频制式（VHS）录像带分辨率的两倍。

MPEG-4 是超低码率运动图像和语言的压缩标准，用于传输率低于 64Mbps 的实时图像传输，它为多媒体数据压缩提供了一个更广阔的平台。

2．Video for Windows 视频格式压缩编码器

❖ Indeo Video 5.10：该编码器适合在 Internet 上发布视频文件应用。采用逐步下载以适应不同的网络带宽。它被设计用来与 Intel Audio Software 编码解码器一起工作。

❖ Intel Indeo Video Raw R3.2：该编码器使用 Intel 视频采集卡采集未压缩的视频，因为没有压缩，图像质量相当好。

❖ Cinepak Codec by Radius：该编码器使用 CD-ROM 光盘或从 Web 站点下载的 24 位视频文件，它具有较高的压缩比和较快的播放速度，是常用的压缩编码器。

❖ Microsoft RLE：该编码器适合包含大量平缓变化颜色区域的帧，如卡通动画，它采用空间 8 位运动长度压缩器，在 100%质量设置下，几乎没有质量损失。

3．QuickTime 视频格式压缩编码器

❖ Video：该编码器适合采集和压缩模拟视频。可以获得高质量的播放效果，支持 16 位视频的空间压缩和临时压缩。重新压缩和生成时，可以获得较高的压缩比和较好的质量。

❖ Graphics：该编码器主要用于 8 位静态图像，有时也可以用于压缩视频。

❖ Animation：适合于卡通节目片的输出，可以设置不同的压缩比。

❖ DV-PAL and DV-NTSC：PAL 和 NTSC 数字视频设备采用的数字视频格式，该编码器允许从连接的 DV 格式摄录机上直接将数字片段输入到 Premiere 中。

❖ Sorenson Viedo：该编码器适合与 CD-ROM 的 24 位视频或从网络站点下载的视频文件，它有较高的压缩比和较快的播放速度。

2.5.2 输出影片设置

1．基础设置

在项目文件中包含多个序列文件，选中要输出影片文件的序列"合成"，执行菜单【File】下的【Export】命令中的【Media】，弹出【Export Settings】对话框，根据需要调整视频文件的输出设置，如图 2-70 所示。

图 2-70　【Export Settings】对话框

❖ 调整输出内容：在【Export Settings】导出设置对话框中，左侧为视频预览区域。单击对话框中的分栏按钮后，可以在对话框内最大化预览区域。通过调整当前时间或拖动当前时间指示器可查找和预览视频。

❖ 默认情况下，影片入点和出点为序列的起始帧和结束帧。要重新设置输出影片的入点和出点，需要首先调整当前时间码，然后单击【设置入点】或【设置出点】按钮，重新调整输出影片的范围。

❖ 调整画面大小：单击【Export settings】上的【Output】按钮，可以查看序列的序列输出时的播放效果，如图 2-71 所示，画面四周出现黑框，这是因为序列画面的长宽比与当前设置画面的长宽比不一致造成的。

图 2-71　输出画面长宽不当

单击【Source】按钮，再单击 按钮，然后对输出画面进行适当修剪，如图 2-72 所示。

图 2-72　修剪输出画面

完成后，回到【Output】窗口中查看输出效果，如图 2-73 所示。

图 2-73　输出画面长宽比例合适

❖ 设置输出文件类型：单击【Export Settings】上的【Format】格式旁边的下拉列表，选
择要输出的文件类型。在【Output Name】输出名称选项内设置输出文件名称及输出文
件的保存位置。在【Summary】摘要选项组内可以查看当前设置的输出参数，如图 2-74
所示。

图 2-74　导出设置

2．输出视频设置

Premiere Pro CS4 可以输出的文件类型包括视频、动画、图片和声音文件等，如图 2-75
所示。

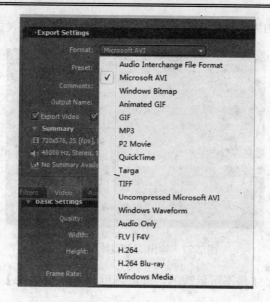

图 2-75　输出文件格式【Format】

❖ 视频文件：Microsoft AVI、Uncompressed Microsoft AVI、P2 Movie、H.264、H.264 Blu-ray、Windows Media 等。

❖ 图片文件：TIFF、Windows 位图。

❖ 声音文件：Windows 波形、MP3 等。

❖ 动画文件：GIF、FLV 等。

视频编码器：设置视频参数时，视频编码器的选择很重要，它将影响文件输出的速度、压缩质量及文件大小。单击【Video Codec】视频编码器下拉列表，可以显示不同的编码器，如图 2-76 所示。

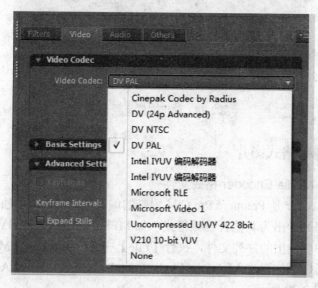

图 2-76　输出文件视频编码器【Video Codec】设置

当选择不同的输出文件类型后，单击【Preset】预置选择不同的参数选项，Premiere 会根据所选文件类型自动调整不同的视频输出选项，方便用户调整视频文件的输出设置。

如选择 Microsoft AVI 视频文件格式，基本设置如图 2-77 所示（中英文对照）。

图 2-77　输出文件视频基本设置

在此，视频帧画面尺寸是不可更改的，只可以更改【Field Type】场类型及【Aspect】像素纵横比。

3. 输出音频设置

单击【Audio】音频按钮，弹出音频设置对话框，可以对音频参数进行设置，可以更改音频的【Sample Rate】采样率、【Channels】声道及【Sample Type】采样类型，如图 2-78 所示（中英文对照）。

图 2-78　输出文件音频设置

2.5.3　导出其他视频格式影片

1. 导出 Adobe Media Encoder 格式文件

Adobe Media Encoder 是 Premiere Pro CS4 附带的编码输出终端，可独立运行，支持队列输出，通过它可以将序列导出为其他音视频格式，如 MPEG、MOV、WMV 等。

在时间线上选中要输出的序列文件，执行【File】→【Export】→【Media】命令，进入输出媒体对话框，单击【OK】按钮进入【Adobe Media Encoder】。默认情况下【Adobe Media Encoder】采用英文界面，如图 2-79 所示。

执行【Edit】→【Preferences】命令，将弹出对话框中的【Language】选项设置为【简体中文】，如图 2-80 所示。

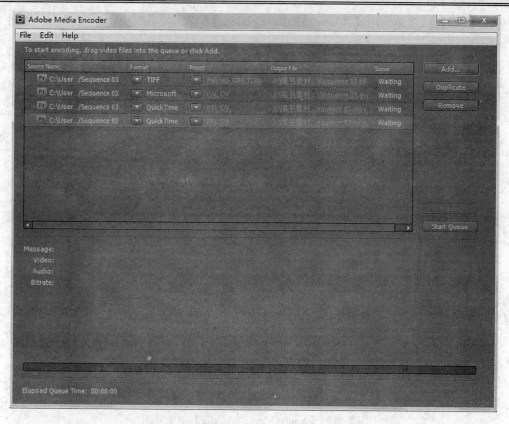

图 2-79　【Adobe Media Encoder】英文界面

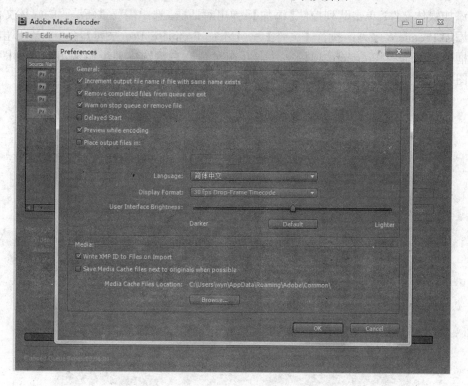

图 2-80　在【Preferences】中设置语言选项

单击【OK】后重新启用【Adobe Media Encoder】，即可将其转变为中文界面，如图 2-81 所示。

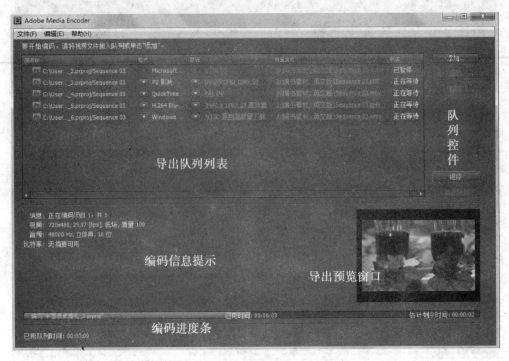

图 2-81　【Adobe Media Encoder】中文界面

❖ 添加媒体文件：单击队列控件【添加】，弹出对话框，选中需要重新编码的媒体文件即可。

❖ 添加 Premiere 序列：执行【文件】→【添加 Premiere Pro 序列】命令，在弹出的对话框中左侧选中 Premiere 项目文件，并在对话框右侧选中要编码输出的序列即可，如图 2-82 所示。

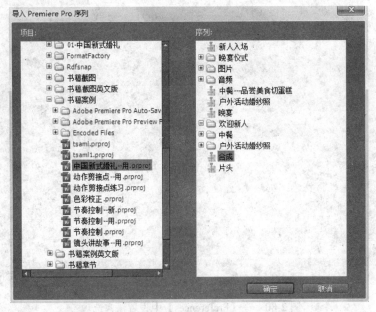

图 2-82　选择要渲染导出的 Premiere 文件序列

❖ 跳过导出文件：选中编码队列中的文件，执行【编辑】→【跳过所选项目】，编码输出
　　时即可跳过该文件。

❖ 单击【格式】下拉三角按钮，可以更改编码输出的媒体类型。

❖ 单击【预设】下拉三角按钮，可以更改编码输出的电视格式。

❖ 单击【预设】后面的黄色设置参数，可以弹出导出媒体对话框，重新更改输出媒体相
　　关参数等。

❖ 单击【输出文件】，可以更改输出文件的保存位置。

❖ 导出编码文件：设置导出文件的各项参数后，单击【Adobe Media Encoder】主界面上
　　的【开始队列】，即开始对队列列表中的文件进行编码输出。

2. 导出 Adobe 剪辑注释

Adobe 剪辑注释，可以将视频剪辑压缩后嵌入 PDF 文件中，以方便通过电子邮件将这些
带有特定时间码的注释文件发送给客户加以评论。

在 Premiere Pro CS4 项目中执行【File】→【Export】→【Adobe 剪辑注释】命令，在弹出
的【Export Settings】对话框中的【Format】格式下拉列表中选择【Clip Notes QuickTime】，如
图 2-83 所示。

图 2-83　导出 Adobe 剪辑注释

再在【Preset】下拉列表中选择适合的输出方案，即可创建剪辑注释。

完成剪辑注释并导出后，可以使用 Adobe Reader 打开该电子文档，并查看该文档中包含
的视频剪辑，然后在视频播放区域下方填写用户评论及用户名称，执行【File】→【Save】命
令，即可将评论内容保存在当前打开的 PDF 文件中。下次再打开该 PDF 文件时可以直接查看
或添加新的评论。

3. 导出为交换文件

在非线性编辑中，往往需要多软件相互合作。因此，Premiere 为用户提供了多种输出交换文件选项，方便用户将编辑操作或成果导入到其他非线性编辑软件中。

1）导出 EDL 文件

EDL（Edit Decision List）文件是广泛应用于视频编辑领域的编辑交换文件，其作用是记录用户对素材的各种编辑操作。

执行【File】→【Export】→【Export to EDL】命令，弹出【EDL Export Settings】对话框，设置相关参数后，单击【OK】即可，如图 2-84 所示。

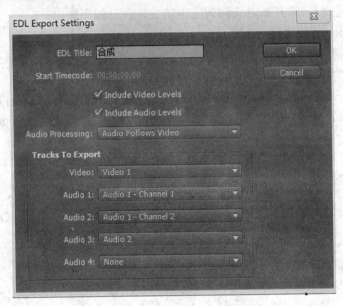

图 2-84 导出 EDL 文件

2）导出 OMF 文件

OMF（Open Media Framework）文件最初是 Avid 推出的一种音频封装格式，能够被多种专业的音频编辑和处理软件读取。

执行【File】→【Export】→【Export to OMF】命令，即可打开【OMF】对话框，设置相关参数即可。

2.6 本 章 小 结

在本章中，通过制作一个完整案例，让读者了解了 Premiere Pro CS4 的工作环境，学习了项目设置、素材获取、影片粗剪及精剪、序列嵌套、转场特效制作及字幕制作的基本方法，从而熟悉了利用 Premiere 软件进行影片剪辑的基本流程及剪辑的基本技巧。

课后思考题

一、填空题

1. 常见的 PAL 制式帧尺寸为＿＿＿＿＿＿＿＿＿，帧速率为＿＿＿＿＿＿＿＿＿。

2．精剪影片可以通过＿＿＿＿＿＿＿＿＿、＿＿＿＿＿＿＿两种方法完成。

3．新建字幕的方法有三种，分别为＿＿＿＿＿＿＿、＿＿＿＿＿＿、＿＿＿＿＿＿；字幕有三种主要类型，分别为＿＿＿＿＿＿、＿＿＿＿＿、＿＿＿＿＿＿。

4．利用滚动工具修正素材，＿＿＿＿＿＿改变输出节目的总时长。

二、简答及思考题

1．如何更改转场过渡和静帧图片的默认持续时间？

2．简述 Premiere 中剪辑影片的基本流程。

3．如何解除视频与音频的链接？

4．列举技巧性转场时镜头组接技巧。

第 3 章　影视剪辑高级应用

主要内容

1．影视蒙太奇的表现形式
2．影视镜头组接的基本原则
3．通过实例制作讲解镜头组接
4．动作剪辑点选择及影片节奏控制技巧
5．Premiere Pro CS4 中视频特效
6．音频特效编辑及应用方法

知识目标

1．熟悉影视剪辑镜头组接原则与技巧
2．掌握 Premiere Pro CS4 特效应用方法

能力目标

能通过镜头讲述完整的故事

学习任务

1．了解蒙太奇表现形式
2．熟悉并掌握镜头组接技巧
3．掌握影片节奏控制途径与方法

在进行影视剪辑创作时，不仅要熟悉软件的功能，熟练操作剪辑软件，更要懂得影视剪辑中的镜头语言，并掌握影片剪辑的艺术指导原则，这样才能通过剪辑出的一个个镜头画面讲述完整的事件或精彩感人的故事，渲染一种情绪，传达一种观念，而不仅仅是孤立镜头的堆砌，甚至让人看了"不知所云，一头雾水"。下面简要介绍影视剪辑中蒙太奇语言及影视剪辑艺术指导原则，有兴趣的读者也可以查阅更多关于影视剪辑的系统知识，观看并学习优秀影片的剪辑技巧，不断提高自己的影视剪辑能力。

3.1　蒙太奇表现形式

3.1.1　蒙太奇

蒙太奇是法文 Montage 的译音，原本是建筑学术语，表示装配、安装之意。随后，影视理论家将其引申到影视艺术领域。

在影视剪辑领域，蒙太奇又分为狭义蒙太奇和广义蒙太奇。其中，狭义蒙太奇专指对镜头画面及声音等诸元素的组合剪接和编排，即影片构成形式和构成方法的总称。也就是将影视素材按照剧本和导演的创作构思进行精心选择、排列，使表现内容精练、完整、有序，能引导观众的注意力，诱发观众参与思考，创造独特的影视时空，能形成变化多样的影视节奏，使影视作品产生强烈的艺术感染力和心灵震撼力。

而广义蒙太奇不仅包括后期影视剪辑时的镜头组接，还包含影视剧制作从开始到完成的整个过程，是创作者的一种艺术思维方式。

蒙太奇通常被分为叙述蒙太奇和表现蒙太奇，中外许多影视剪辑大师都对其进行过深入研究和分析，下面仅摘取我国著名的影视剪辑大师傅正义先生对于影视剪辑中蒙太奇（镜头组接语言）的理解和论述。

3.1.2 叙述蒙太奇

叙述蒙太奇，指将镜头按照时间顺序、生活逻辑和因果关系来分切、排列、组合，以交代情节、展示事件和演绎故事。它强调外在与内在的连续性，注重于情节发展和人物形体、语言、表情、造型上的连贯。比如，以下三个镜头的组接：

（1）主人在写字台前看书，听到敲门声向门看去；

（2）客人在门外敲门，等待主人开门；

（3）主人走过去开门，客人同主人一起进门。

在这个例子中，动作是连续的，叙述也是连续的。脉络清楚，逻辑连贯，明白易懂，这是叙述蒙太奇的优点。

叙述蒙太奇又细分为多种表现形式，常见几种列举如下。

1. 平行蒙太奇

在故事情节发展过程中，通过两条以上线索或两三件事，在不同时空、同时异地或同时同地并列进展，相互有呼应，又有联系，彼此起着推动、促进、刺激的作用。这种方式有利于删节过程，灵活转换时空，丰富剧情，是一种经常使用的蒙太奇剪辑方法。

2. 交叉蒙太奇

将同一时间、不同空间发生的两条以上的情节内容，频繁交叉地组接起来，它的特点是各条情节线发展的严格同时性。其中一条情节线的变化往往影响其他情节的发展，各情节相互依存，最终汇到一起。交叉蒙太奇极易营造紧张的气氛和悬念，具有强烈的节奏感。

3. 复现式蒙太奇

在剧情发展的关键时刻，内容、性质完全一致的镜头画面反复出现，用以加强影片的主题思想和不同历史时期的转折，从而唤起观众对影片主题的明确认识和对主人公的深刻印象。

4. 积累式蒙太奇

利用从内容到性质上相同的一些画面（但画面主体不同），按照动作和造型特点，各取不同长度组接起来，构成一种紧张或扩展的场面，以营造预想的气氛和节奏，它有利于增强影片的气势、情趣和节奏感。

5. 错觉蒙太奇

首先（通过镜头画面）故意引导观众猜想情节的"必然"发展，然后突然来个180度大翻转，跟着出现的并不是人们预料的结果（镜头画面），而是恰恰相反，总之使人出乎意料。

6. 夹叙夹议式蒙太奇

影片开始，在镜头画面上添加主人公的旁白或加评语叙述，而在某些场合，影片的主要人物又以影片中现实生活的面貌出现，以现实语言表达剧情。旁白时有时无，旁白的内容既有叙述又有评语，反复与主人公的出现交织在一起，直到整部影片结束。

3.1.3 表现蒙太奇

表现蒙太奇，通过镜头内容或形式上的队列，通过人物形象或景物造型的队列，造成一种概念或某种寓意，产生一种联想或某种含义，以增强艺术表现力和情绪感染力，从而达到激发观众想象和思考，揭示、突出、表现创作立意的目的。表现蒙太奇宜于表达情绪、寓意和思想，具有强烈、简捷、新颖的艺术表现力。

比如以下两组镜头组接：

（1）一个衣着华丽的胖人在饮酒吃肉；

（2）一个衣着破烂的瘦人在街头乞讨。

上面两个镜头组接能表现出贫富对比。

（1）冰河解冻；

（2）鲜花盛开。

这两个镜头组接则能够预示着新生的开始。

常见的表现蒙太奇列举如下。

1．对比蒙太奇

通过镜头之间内容上或形式上的强烈对比，表达某种寓意、情绪和思想，如贫与富、强与弱、文明与粗野、伟大与渺小、进步与落后等。

2．梦幻蒙太奇

通过精心安排的镜头组接，展示出人物的心理活动或精神状态，如梦境、幻觉、想象、思索、闪念、回忆，以及潜意识活动。

3．象征蒙太奇

按照剧情的发展和情节需要，利用景物镜头含蓄而形象地表达影片的主题和人物思想活动。不同内容的景物镜头或构图相似的画面，能烘托、比喻、升华人物形象或主题思想。

4．联想蒙太奇

将内容截然不同的一些镜头画面组接起来，造成一种新的意义，使观众推测这一意义的本质。

影视艺术是声音与画面艺术结合的产物，因此除了镜头间的蒙太奇外，还要特别注重声画组接的蒙太奇。在声画组合时，有时以画面为主，有时以声音（主要包括人声、音乐、音响）为主，二者相互依存、相互配合。

3.2　镜头剪辑指导原则

影片剪辑就是将一系列分散的镜头按照一定的内容和主题串联成一个完整的统一体，并能被观众接受和理解。在镜头剪辑时，要考虑不同的蒙太奇剪辑手法，在具体的镜头组接时还要遵循一定的规律和原则。

❖ 镜头组接符合观众的思维方式和一般生活逻辑。

❖ 景别的变化要循序渐进，尽量舒缓，使镜头之间组接顺畅。当出现同一主体、同一机位、同一景别的两个镜头组接时，由于画面内景物变化小会出现重复和跳动感，此时可以在两个镜头之间插入一个过渡性镜头，如人物反应镜头、关系镜头、景物空镜头、主观视线镜头等，使主体的位置和动作等发生变化后再进行组接。

❖ 镜头组接中的轴线规律。即在多个镜头中，拍摄机的位置应始终位于主体运动轴线或关系轴线的同一侧，保证不同镜头内主体运动方向相同，否则将使观众视觉混乱而迷惑。

❖ 镜头组接时一般遵循"动接动"、"静接静"的原则。

- 当两个镜头内主体始终处于运动状态，两个镜头组接时，上一个镜头在运动中切出，下一个镜头在运动中切入，上下两个镜头中运动趋势要一致、连贯，称为"动接动"。
- 当两个镜头中主体运动不连贯，在画面之间有停顿时，必须在上一个镜头内主体动作结束后切出，下一个镜头从主体静止状态时切入，称为"静接静"。
- 在"静接静"时，注意应找到一个镜头的起幅和落幅画面进行组接。当"静接动"或"动接静"时同样要在起幅和落幅画面处进行组接。
- ❖ 注意用镜头组接控制影片的节奏和情绪，如表现宁静的氛围中需要节奏舒缓的画面和镜头组接，相反紧张、激荡人心的场面则需要快节奏的镜头切换。
- ❖ 镜头组接的时间长度。以让观众看清并理解画面内容的时间为主要依据进行镜头剪切，但为了充分展现镜头中人物的情绪并给观众足够的回味空间，可以适当延长镜头的时长。
- ❖ 镜头组接中要保持光线、色调的和谐统一。如果某些镜头光线和色调有偏差，要在后期编辑时进行校正调整。

3.3 案 例 制 作

3.3.1 观看案例及技术分析

本案例以影片《天使爱美丽》（片长 121min41s）为基础，通过选取其中一些镜头并进行蒙太奇组接，来讲述该影片的故事梗概（片长 7min30s）。本案例将主要采用叙述蒙太奇表现手法，用镜头画面来说明该影片讲述的主要故事内容。

《天使爱美丽》主要讲述的内容是一个叫"艾蜜莉"的小女孩从小因父亲误认为其有心脏病，而不让她到学校去上学，只能留在家中接受教育。艾蜜莉的童年只能靠想象和自己玩，她因此不擅长与人交往，喜欢活在自己的世界里。一次意外，艾蜜莉发现了一个文具盒，里面装满了 50 年前住在那里的小男孩的童年收藏和美好回忆。艾蜜莉决定物归原主，如果主人收到后深受感动，艾蜜莉决定从此"行侠仗义"。艾蜜莉经过千辛万苦终于找到了文具盒的主人，他收到文具盒后，果然感动不已。艾蜜莉从此悄悄开始充当起别人的"天使"，改善她们的生活，也遇到了让自己心动的男孩，然而艾蜜莉仍然喜欢生活在自己的世界里，不敢表达自己内心的想法，后来艾蜜莉的一个邻居（艾蜜莉也经常帮他达成心愿）发现了"天使艾蜜莉"的秘密，他鼓励艾蜜莉勇敢地面对生活，拥抱生活，艾蜜莉深受启发，找到了属于自己的爱情和生活。

- ❖ 剪辑分析：根据影片的故事发展脉络，剪辑的故事小片主要包括三部分："儿时经历"、"行侠仗义"、"走出自我世界找到幸福"。
- ❖ 剪辑特点：完全截取影片中的原有镜头，配合影片中字幕，讲述主人公的故事。
- ❖ 剪辑目的：把握镜头组接指导原则，训练用镜头画面讲故事的能力。

3.3.2 案例制作流程

（1）分析影片，确定剪辑影片的结构。
（2）导入素材，分析画面。
（3）组接镜头，讲述故事。

（4）输出影片。

3.3.3　操作步骤

步骤 1　新建一个【Project】项目，名称为"讲述《天使爱美丽》的故事"，项目参数设置为"DV PAL/Standard 48kHz"。

步骤 2　新建序列 Sequence 01，Sequence 01 预置参数如图 3-1 所示，单击【OK】按钮，进入 Premiere Pro CS4 主界面。

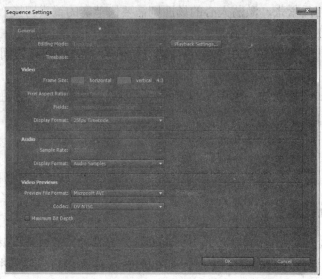

图 3-1　【Sequence Settings】对话框

步骤 3　双击项目面板，弹出【Import】导入素材窗口，框选所有素材，将它们一次性导入项目面板，如图 3-2 所示。

图 3-2　【Import】导入文件

1. "儿时经历"部分操作步骤

步骤 4　打开素材"天使爱美丽 00_00_00-00_10_00（以下简写为 00_00-00_10）"，入点与出点位置为 00:04:47:20～00:04:52:20，插入视频 Video1 轨道，效果图如下。

步骤 5　继续设置源素材"天使爱美丽 00_00-00_10"的入点与出点位置为 00:05:07:02～00:05:09:18，插入上段素材后，入点出点效果图如下。

步骤 6　继续设置源素材"天使爱美丽 00_00-00_10"的入点与出点位置为 00:05:29:17～00:05:36:19，插入上段素材后，入点出点效果图如下。

步骤 7　继续设置源素材"天使爱美丽 00_00-00_10"的入点与出点位置为 00:08:25:11～00:08:26:14，插入上段素材后，入点出点效果图如下。

技巧：模拟主观视线切入这段素材，进行镜头组接时空转场。选择小女孩坐在屋顶的背影用来说明其童年的孤单。

步骤 8　继续设置源素材"天使爱美丽 00_00-00_10"的入点与出点位置为 00:08:53:01～00:08:56:19，插入上段素材后，入点出点效果图如下。

2."行侠仗义"部分操作步骤

步骤 9　设置源素材"天使爱美丽 00_00-00_10"的入点与出点位置为 00:09:34:06～00:09:49:02,插入上段素材后,入点出点效果图如下。

技巧:利用与上个镜头场景相似和运动趋势相似特征进行镜头组接。

步骤 10　设置源素材"天使爱美丽 00_11-00_20"的入点与出点位置为 00:03:17:02～00:03:21:07,插入上段素材后,入点出点效果图如下。

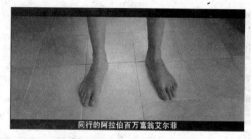

技巧:模拟主观视线进行镜头组接,时空转场。

步骤 11　设置源素材"天使爱美丽 00_11～00_20"的入点与出点位置为 00:03:40:05～00:03:44:18,插入上段素材后,入点出点效果图如下。

步骤 12　设置源素材"天使爱美丽 00_11-00_20"的入点与出点位置为 00:04:04:01～00:04:05:19,插入上段素材后,入点出点效果图如下。

步骤 13 设置源素材"天使爱美丽 00_31～00_40"的入点与出点位置为 00:00:53:22～00:01:03:22，插入上段素材后，入点出点效果图如下。

技巧：利用画面造型相似进行镜头组接，时空转场。

步骤 14 设置源素材"天使爱美丽 00_31-00_40"的入点与出点位置为 00:00:18:14～00:00:19:24，插入上段素材后，入点出点效果图如下。

技巧：模拟主观视线切入这段素材。

步骤 15 设置源素材"天使爱美丽 00_31-00_40"的入点与出点位置为 00:03:38:06～00:03:50:02，插入上段素材后，入点出点效果图如下。

步骤 16 设置源素材"天使爱美丽 00_31-00_40"的入点与出点位置为 00:04:52:01～00:04:58:15，插入上段素材后，入点出点效果图如下。

步骤 17　设置源素材"天使爱美丽 00_31-00_40"的入点与出点位置为 00:08:32:12～00:08:38:04，插入上段素材后，入点出点效果图如下。

步骤 18　设置源素材"天使爱美丽 00_41-00_50"的入点与出点位置为 00:03:39:14～00:03:50:00，插入上段素材后，入点出点效果图如下。

步骤 19　设置源素材"天使爱美丽 01_00-01_10"的入点与出点位置为 00:06:46:09～00:06:47:16，插入上段素材后，入点出点效果图如下。

步骤 20　设置源素材"天使爱美丽 01_00-01_10"的入点与出点位置为 00:07:01:13～00:07:14:10，插入上段素材后，入点出点效果图如下。

步骤 21　设置源素材"天使爱美丽 00_41-00_50"的入点与出点位置为 00:07:04:07～00:07:16:14，插入上段素材后，入点出点效果图如下。

步骤 22　设置源素材"天使爱美丽 00_41-00_50"的入点与出点位置为 00:08:55:00～00:09:00:00，插入上段素材后，入点出点效果图如下。

步骤 23　设置源素材"天使爱美丽 00_51-00_59"的入点与出点位置为 00:03:06:15～00:03:25:07，插入上段素材后，入点出点效果图如下。

步骤 24　设置源素材"天使爱美丽 00_51-00_59"的入点与出点位置为 00:07:29:11～00:07:43:22，插入上段素材后，入点出点效果图如下。

技巧：模拟主观视线切入本段素材，进行时空转场。

步骤 25　设置源素材"天使爱美丽 01_00-01_10"的入点与出点位置为 00:03:31:02～00:03:42:24，插入上段素材后，入点出点效果图如下。

步骤 26 设置源素材"天使爱美丽 01_00-01_10"的入点与出点位置为 00:04:25:19～00:04:41:13，插入上段素材后，入点出点效果图如下。

3. "走出自我世界找到幸福"部分操作步骤

步骤 27 设置源素材"天使爱美丽 01_11-01_20"的入点与出点位置为 00:00:21:02～00:01:11:02，插入上段素材后，入点出点效果图如下。

电话亭旁的蒙马特旋转木马

说不定她也收集快拍照

步骤 28 设置源素材"天使爱美丽 00_41-00_50"的入点与出点位置为 00:00:14:23～00:00:28:16，插入上段素材后，入点出点效果图如下。

先生！等等！先生！你等等！

步骤 29 设置源素材"天使爱美丽 00_41-00_50"的入点与出点位置为 00:00:41:11～00:00:57:07，插入上段素材后，入点出点效果图如下。

步骤 30　设置源素材"天使爱美丽 01_11-01_20"的入点与出点位置为 00:03:13:00～00:05:17:00，插入上段素材后，入点出点效果图如下。

步骤 31　设置源素材"天使爱美丽 01_11-01_20"的入点与出点位置为 00:05:59:24～00:06:20:04，插入上段素材后，入点出点效果图如下。

步骤 32　设置源素材"天使爱美丽 01_31-01_40"的入点与出点位置为 00:03:05:19～00:03:22:24，插入上段素材后，入点出点效果图如下。

步骤 33　设置源素材"天使爱美丽 01_31-01_40"的入点与出点位置为 00:06:53:23～00:07:04:06，插入上段素材后，入点出点效果图如下。

步骤34 设置源素材"天使爱美丽01_31-01_40"的入点与出点位置为00:05:43:24～00:05:56:08，插入上段素材后，入点出点效果图如下。

步骤35 设置源素材"天使爱美丽01_21-01_30"的入点与出点位置为00:02:23:00～00:02:40:13，插入上段素材后，入点出点效果图如下。

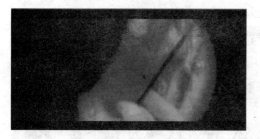

步骤36 设置源素材"天使爱美丽01_41-01_50"的入点与出点位置为00:07:05:06～00:07:12:01，插入上段素材后，入点出点效果图如下。

步骤37 设置源素材"天使爱美丽01_41-01_50"的入点与出点位置为00:07:18:22～00:07:20:20，插入上段素材后，入点出点效果图如下。

步骤 38　设置源素材"天使爱美丽 01_51-02_00"的入点与出点位置为 00:00:50:22～00:01:11:15，插入上段素材后，入点出点效果图如下。

步骤 39　设置源素材"天使爱美丽 01_51-02_00"的入点与出点位置为 00:01:24:04～00:01:37:05，插入上段素材后，入点出点效果图如下。

步骤 40　设置源素材"天使爱美丽 01_51-02_00"的入点与出点位置为 00:03:04:04～00:03:04:22，插入上段素材后，入点出点效果图如下。

步骤 41　设置源素材"天使爱美丽 01_51-02_00"的入点与出点位置为 00:03:07:24～00:03:08:20，插入上段素材后，入点出点效果图如下。

步骤 42　设置源素材"天使爱美丽 01_51-02_00"的入点与出点位置为 00:05:39:14～00:05:47:13，插入上段素材后，入点出点效果图如下。

步骤 43　在节目监视器窗口浏览效果。将播放头移动到 00:00:37:11 帧，发现该段视频字幕比较突兀，要去掉字幕。

步骤 44　打开特效【Effect】→【Video Effect】→【Transform】→【Crop】，将其直接拖曳到该段素材上，为其添加裁切特效。

步骤 45　打开特效控制台，设置【Bottom】底部裁切数值，刚好把字幕去掉即可，如图 3-3 所示。

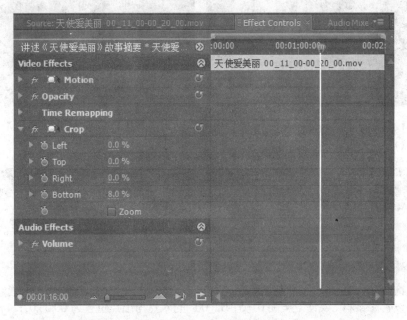

图 3-3　【Crop】裁切素材

裁切后的效果如图 3-4 所示。

图 3-4　裁切素材效果图

步骤 46　新建序列 Sequence，命名为"讲述《天使爱美丽》的故事"，序列参数与 Sequence 01 相同，将序列 Sequence01 直接拖入视频 Video1 轨道。

步骤 47　右击弹出快捷菜单，选择【Unlink】解除视音频链接，单击 Audio 1 音频轨道素材，右击弹出快捷菜单，选择【Clear】清除，删除声音。

技巧：也可以按住【Alt】键，同时单击音频或视频素材，即可解除音视频的链接。

步骤 48　保存文件，输出影片。

3.4　剪接点的选择

剪接点可分为画面剪接点和声音剪接点。不论是画面剪接点还是声音剪接点，都要以镜头中主体动作为依据。

3.4.1　画面剪接点

在画面剪接点中主要包含动作剪接点、情绪剪接点和节奏剪接点。

1. 动作剪接点

动作剪接点是指以"形体动作"为基础，以主体在特定情境的行为为依据，结合实际生活中人体活动的规律进行选择。

在对动作场景进行剪辑时，首先要保持主体动作的连续性。一个连续动作往往由多个小动作组成，相邻的两个动作之间往往有较短的停顿，在动作的停顿处进行镜头组接，就能保持上下两个镜头中动作的连续性。

例如，在对同主体同动作不同景别镜头进行组接时，在上一个镜头中找到动作停顿的 1～2 帧后切出，下一个镜头从动作停顿的下一帧处切入。而当表现主体情绪变化较大时，要从上一个镜头动作停顿的 1～2 帧处切出，并在下一个镜头切入点之前要多剪掉 1～2 帧，使动作急促而流畅。

2. 情绪剪接点

情绪剪接点是指以"心理活动"为基础，以人物在不同情境中喜怒哀乐的情绪为依据，结合镜头造型的特征选择剪接点。

它不同于动作剪接点，在镜头长度上取舍余地较大，不受人物外部动作局限，剪接点选择要保证人物情绪及观众情绪的充分释放，注重展现人物内心活动，以渲染情绪、营造气氛。

3. 节奏剪接点

节奏剪接点是指在没有对白的镜头画面中，以故事情节的性质和剧情发展的总节奏为基础，以人物关系和规定情境中的中心任务为依据，结合戏剧情节、造型因素、情绪节奏等处理镜头的剪辑长度。

3.4.2　声音剪接点

在声音剪接点中包括对白剪接点、音乐剪接点及音响剪接点。

1. 对白剪接点

对白剪接点是指以对话内容为依据，结合人物性格、语言速度和情绪节奏选择剪接点。

它主要包含"声画同步"和"声画对位"两种。声画同步，即对白声音和画面同时出现同时消失，而声画对位剪辑则是声音和画面交错出现。

2．音乐剪接点

音乐剪接点是指以乐曲的主体旋律、节奏、节拍、乐段等为基础，以剧情内容、主体动作、情绪、节奏为依据，结合镜头造型的基本规律，确定乐曲的长度和剪接点。

3．音响剪接点

音响剪接点是指以戏剧动作为基础，结合规定情境，以人物动作和情绪为依据，把握音响与形象的关系，按照剧情的要求进行剪接点选择。要注意声音衔接的自然流畅。

对白剪接点有时要受到人物口型的限制；声音剪接点必须要与画面匹配；音乐剪接点要受到音乐旋律、节奏、节拍等限制；音响剪接点既从属于画面，又可以根据剧情、环境氛围需要，对音响的强弱、远近进行灵活的艺术处理。

3.4.3　案例制作——动作剪接点实战训练

1．观看案例及技术分析

本案例剪辑一段篮球运动员上篮扣篮的片段，用以把握动作剪接点的选择组接方法。

2．操作步骤

步骤 1　启动 Premiere Pro CS4 软件，新建一个【Project】项目，命名为"动作剪接点练习"。

步骤 2　设置序列 Sequence，参数如图 3-5 所示。

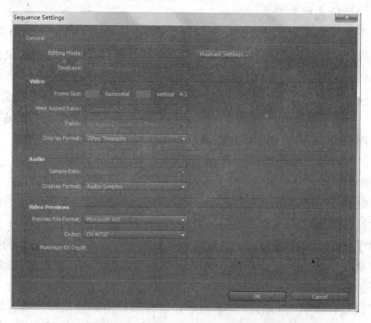

图 3-5　【Sequence Settings】对话框

步骤 3　导入素材"NBA 全明星扣篮大赛 2008.mov"到项目面板。

步骤 4　双击素材"NBA 全明星扣篮大赛 2008.mov"，使其被添加到源监视器窗口，找到 00:01:19:10 帧设置入点，效果图如 3-6 所示。

图 3-6 步骤 4 入点画面

步骤 5 找到 00:01:23:18 帧设置出点，在运动员跑步停止，要腾空上篮的瞬间切出，效果如图 3-7 所示。

图 3-7 步骤 5 出点画面

步骤 6 找到 00:01:33:19 帧设置入点，在运动员腾空开始切入，效果如图 3-8 所示。

图 3-8 步骤 6 入点画面

步骤 7 找到 00:01:36:02 帧设置出点，在运动员腾空手触篮球，腾空到最高点处切出，效果如图 3-9 所示。

图 3-9 步骤 7 出点画面

步骤 8 找到 00:01:25:19 帧设置入点，在运动员腾空触球最高点准备扣篮一帧切入，效果如图 3-10 所示。

图 3-10 步骤 8 入点画面

步骤 9 找到 00:01:30:13 帧，在运动员扣篮落地后切出，效果如图 3-11 所示。

图 3-11 步骤 9 出点画面

读者可利用该素材做其他运动员扣篮的动作剪辑练习。

3.5　影片节奏控制

影片节奏控制可以通过调整镜头内在的播放速度，或通过镜头时长及镜头组接的节奏来把握。

在 Premiere 中要改变素材的整体播放速度和持续时间，只需选中时间线轨道上的素材，右击弹出快捷菜单，选择【Speed/Duration】速度/持续时间，即可弹出速度调整对话框，可以设置影片的播放速度，如图 3-12 所示。

图 3-12　设置素材速度和持续时间【Clip Speed/Duration】

数值小于 100，播放速度放慢；数值大于 100，播放速度加快；数值为负时，可以实现倒放效果，也可以勾选"倒放速度"实现影片倒放效果，还可以直接更改素材的"持续时间"控制素材影片的播放速度。

可以选择工具箱中的速率伸缩工具，直接拖动素材的出点以改变素材的持续时间和播放速度。

1. 案例 1：无极变速【Time Remapping】

从 Premiere Pro CS3 开始，Premiere 增加了无极变速新功能。这可以让用户在一段素材上设置不同的关键帧用以控制素材播放速度的灵活变化。

1）观看案例及技术分析

通过观看素材影片了解本案例的大致内容。

2）操作步骤

步骤 1　新建一个【Project】项目，命名为"无极变速"。

步骤 2　新建 Sequence 序列，参数设置如图 3-13 所示。

步骤 3　导入素材"体育一组"到项目面板，双击到源监视器窗口，设置入点为 00:00:15:24，出点不变。

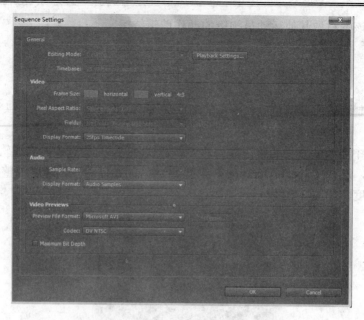

图 3-13　　【Sequence Settings】对话框

步骤 4　将素材插入到 Video1 视频轨道上，打开特效控制台，展开时间重置属性。

步骤 5　单击 Video 1 轨道素材上透明度显示下拉三角按钮，选择【Time Remapping】时间重置下的【速度】，如图 3-14 所示。

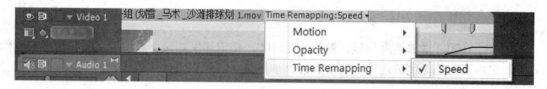

图 3-14　　在视频轨道显示素材播放速度

步骤 6　将播放头移动到 00:00:12:19 帧，单击【Effect Control】特效控制台上【Speed】速度旁边的 ，添加一个关键帧。

步骤 7　将播放头移动到 00:00:16:00 帧，单击特效控制台上【Speed】速度旁边的 ，再添加一个关键帧。

步骤 8　同步骤 7，在 00:00:18:03 帧再添加一个速度控制关键帧。

步骤 9　将第一个速度关键帧的前段控制点移动到 00:00:11:15 帧处，将第二个关键帧的后段控制点移到 00:00:17:01 帧，将第三个关键帧的后段控制点移到 00:00:18:14 帧处。

技巧：每个速度关键帧都由两个速度控制点组成，分别控制进入点速度和切出点速度，两个速度控制点距离越远，速度变化越平缓，反之越急促。

步骤 10　在【Effect Control】特效控制台上，用鼠标上下移动相邻两个速度关键帧之间的黄色线，调整素材的播放速度。

技巧：不能上下移动同一速度关键帧的首尾两个速度控制点之间的黄线，只能移动首尾两个速度控制点之间的距离。

步骤 11　拉高视频 Video1 轨道，可以看见关键帧之间的速度变化曲线，当前素材被分成 7 段不同的播放速度，如图 3-15 所示。

图 3-15 调整素材中关键帧播放速度

技巧：将 Video1 视频轨道拉高，可以看清速度变化的黄色曲线。曲线越低速度越慢，曲线越高速度越快；在一个关键帧的前后两个控制端点间速度递增或递减。同一个关键帧的前后两个控制端点间距离控制速度变化的快慢。

技巧：速度调整后影片的持续时间随之改变。

观看节目，会发现滑雪段落很慢，然后逐渐加快到骑马段落，速度明显加快，而后到沙滩排球逐渐变慢，之后到赛马又突然变快。

2. 案例 2：时间偏差【Time Warp】

通过对【Time Warp】时间偏差视频特效的学习可以使学生更灵活地控制素材播放速度，控制影片节奏。利用时间偏差可以控制素材的快放、慢放、定格和倒放。

1）观看案例及技术分析

通过观看素材影片了解本案例的大致内容。

2）操作步骤

步骤 1 新建一个【Project】项目，命名为"时间偏差"。

步骤 2 新建 Sequence 序列，参数设置如图 3-16 所示。

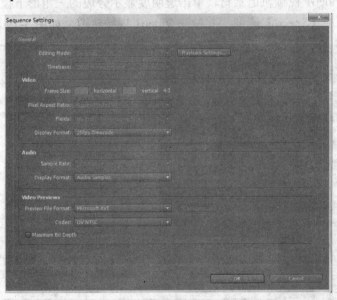

图 3-16 【Sequence Settings】对话框

步骤 3 导入素材"赛马"到项目面板，双击素材到源监视器窗口，设置出点为 00:00:22:00，将素材插入到视频 Video1 轨道。

步骤 4 选中时间线上的素材，将【Video Effect】下的【Time】下的【Time Warp】时间偏差特效直接拖曳到 Video1 视频轨道的素材上或特效控制台中，如图 3-17 所示。

图 3-17　时间偏差特效【Time Warp】

打开特效控制台，展开【Time Warp】时间偏差特效的下拉三角按钮，如图 3-18 所示。

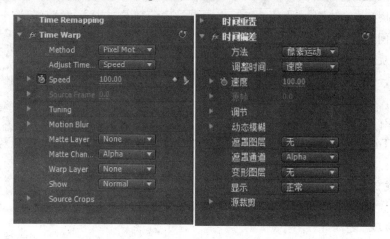

图 3-18　【Time Warp】参数设置

步骤 5　选中 Video1 视频轨道素材，单击透明度显示旁边的三角形下拉列表，选择【Time Warp】时间偏差下的【Speed】速度，并拉高 Video1 视频轨道，如图 3-19 所示。

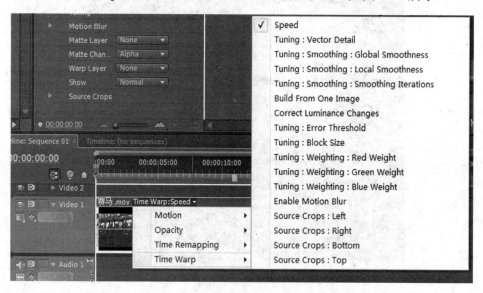

图 3-19　显示轨道素材播放速度

步骤 6　将播放头移动到 00:00:06:10 帧，设置速度为 100；将播放头移动到 00:00:08:10 帧，设置速度为 0；将播放头移到 00:00:09:10 帧，设置速度为 0；将播放头移动到 00:00:16:06，设置速度为 300；将播放头移动到 00:00:20:08，设置速度为-300。展开【Speed】速度旁边的三角按钮，可以清晰地显示速度变化曲线，如图 3-20 所示。

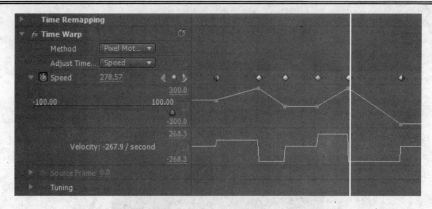

图 3-20　速度变化曲线

步骤 7　播放影片，可以看到影片先是正常速度播放，然后快放再慢放至定帧，然后快放，最后倒放。

技巧：速度为 100，正常速度播放；速度小于 100，慢放；速度为零，定格画面；速度大于 100，快放；速度为负值，倒放。

技巧：除了通过调整镜头的播放速度来控制影片的节奏之外，镜头剪辑的长短也是影响影片节奏的重要因素。

3.6　视　频　特　效

3.6.1　影片色彩校正

影片剪辑中要求光线、色调和谐一致。然而由于前期拍摄中光线变化较大，当拍摄时白平衡设置不当，则可能导致素材偏色或曝光不当，因此在后期剪辑中，对于影片的校色调色是非常重要的。

在 Premiere Pro CS4 中有 3 组【Video Effect】视频特效用于影片的校色和调色，分别为【Adjust】调整、【Image Control】图像控制和【Color Correction】色彩校正，如图 3-21 到图 3-23 所示。

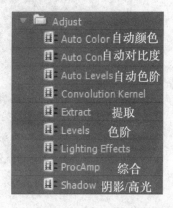

图 3-21　【Image Control】特效　　　　　图 3-22　【Adjust】特效

图 3-23　　【Color Correction】特效

下面分别对这 3 组视频 Video 特效加以介绍。

1. 【Adjust】调整特效组

【Adjust】调整特效组主要校正和调整影片的明暗、影调，从而影响影片的色彩。

影片源素材如图 3-24 所示。

图 3-24　　【Adjust】调整特效效果图

可以看出图像曝光过多，人物衣服上及周围环境都发白。

1）【Levels】色阶特效

添加【Adjust】调整→【Levels】色阶命令，单击特效控制台【Levels】色阶后面的，
系统弹出色阶设置对话框，参数如图 3-25 所示。

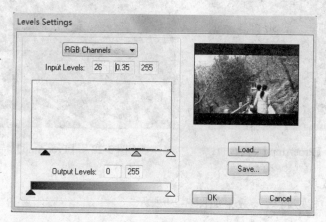

图 3-25　【Levels】色阶特效

单击【OK】按钮，素材校色效果如图 3-26 所示。

图 3-26　【Levels】色阶特效效果图

可以发现，素材曝光已经明显好转，景物也出现了层次，但人物衣服上仍然过亮，可以继续为其添加【Adjust】调整菜单下的其他视频特效。其中【Shadow/High Light】阴影/高光可针对影片的阴影和高光部分调整；【Extract】提取可以将素材转变成黑白色。

2）【ProcAmp】综合

为影片添加【ProcAmp】综合特效，设置参数及效果如图 3-27 和图 3-28 所示。

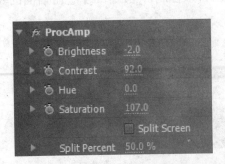

图 3-27　【ProcAmp】特效　　　　　　　图 3-28　【ProcAmp】特效效果图

3）【Extract】提取

添加【Extract】提取特效，效果如图 3-29 所示。

图 3-29　【Extract】特效效果图

2.【Color Correction】色彩校正特效组

【Color Correction】色彩校正特效组可以对素材的明暗影调和色调进行校正和调色处理。

在此特效组中，【Brightness & Contrast】亮度与对比度、【Luma Curve】亮度曲线和【Luma Corrector】亮度校正可以校正素材的明暗影调。为素材添加【Luma Curve】亮度曲线特效，调整参数和效果如图 3-30 和图 3-31 所示。

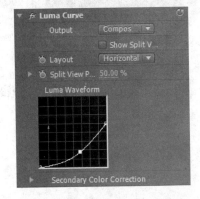

图 3-30　【Luma Curve】特效　　　　　　图 3-31　【Luma Curve】特效效果图

1）【Brightness & Contrast】亮度/对比度特效

添加【Brightness & Contrast】亮度/对比度特效，调整参数及效果如图 3-32 和图 3-33 所示。

2）【Luma Corrector】亮度校正特效

添加【Luma Corrector】亮度校正特效，参数设置及效果如图 3-34 和图 3-35 所示。

图 3-32　【Brightness & Contrast】特效　　　　图 3-33　【Brightness & Contrast】特效效果图

图 3-34　【Luma Corrector】亮度校正特效

图 3-35　【Luma Corrector】亮度校正特效效果图

还可利用【Color Balance】色彩平衡、【Channel Mixer】通道混合器、【RGB Curves】RGB曲线、【RGB Color Corrector】RGB 色彩校正和【Equalize】色彩均化等改变影片的色彩。

色彩调整原图如图 3-36 所示。

图 3-36　色彩调整原图

3)【RGB Curves】RGB 曲线特效

添加【Color Corrector】→【RGB Curves】RGB 曲线特效，分别调整其中红、绿、蓝通道曲线，参数设置及效果如图 3-37 和图 3-38 所示。

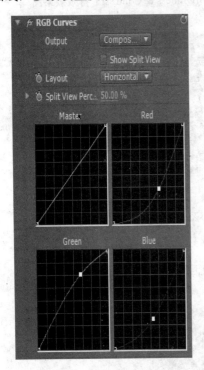

图 3-37　【RGB Curves】特效

图 3-38　【RGB Curves】特效效果图

4)【RGB Color Corrector】RGB 色彩校正特效

添加【Color Corrector】→【RGB Color Corrector】RGB 色彩校正，参数设置及效果如图 3-39 和图 3-40 所示。

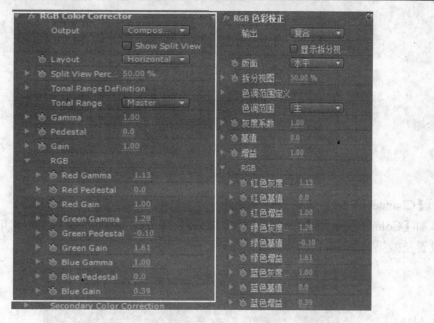

图 3-39　【RGB Color Corrector】特效

图 3-40　【RGB Color Corrector】特效效果图

5）【Color Balance】色彩平衡特效

添加【Color Corrector】→【Color Balance】色彩平衡特效，参数设置及效果如图 3-41 和图 3-42 所示。

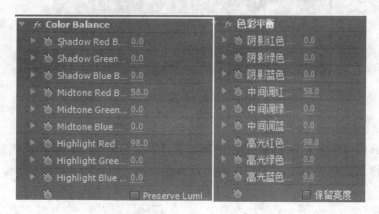

图 3-41　【Color Balance】色彩平衡特效

图 3-42　【Color Balance】色彩平衡特效效果图

6）【Channel Mixer】通道混合器特效

添加【Color Corrector】→【Channel Mixer】通道混合器特效，这是很常用的调色特效，参数设置及效果如图 3-43 和图 3-44 所示。

fx Channel Mixer		通道混合器	
Red-Red	100	红色 - 红色	100
Red-Green	0.0	红色 - 绿色	0.0
Red-Blue	0.0	红色 - 蓝色	0.0
Red-Const	0.0	红色 - 恒量	0.0
Green-Red	3	绿色 - 红色	3
Green-Green	108	绿色 - 绿色	108
Green-Blue	0.0	绿色 - 蓝色	0.0
Green-Const	0.0	绿色 - 恒量	0.0
Blue-Red	87	蓝色 - 红色	87
Blue-Green	19	蓝色 - 绿色	19
Blue-Blue	167	蓝色 - 蓝色	167
Blue-Const	0.0	蓝色 - 恒量	0.0
Monochrome	☐	单色	☐

图 3-43　【Channel Mixer】通道混合器特效

图 3-44　【Channel Mixer】通道混合器特效效果图

7）【Change to Color】转换颜色特效

利用【Color Corrector】→【Change to Color】转换颜色特效可改变图像色彩，参数设置及效果如图 3-45 和图 3-46 所示。

图 3-45　【Change to Color】转换颜色特效

图 3-46　【Change to Color】转换颜色特效效果图

8）【Leave Color】脱色特效

利用【Color Corrector】→【Leave Color】脱色特效可以仅保留图像的某种颜色，使其色彩更突出，而使其他颜色部分转变为黑白色，参数设置及效果如图 3-47 和图 3-48 所示。

图 3-47　【Leave Color】脱色特效

图 3-48　【Leave Color】脱色特效效果图

9）【Tint】着色特效

利用【Color Corrector】→【Tint】着色特效，可以将黑白图像转变成彩色图像，原图及参数设置效果如图 3-49 和图 3-50 所示。

图 3-49　原图

图 3-50　【Tint】着色特效效果图

　　通常计算机上显示的画面色彩和亮度与输出到电视上的画面色彩和亮度有较明显的变化，因此在校色后可以添加【Broadcast Colors】广播级色彩特效，最后调整参数时可连接到电视监视器上，使图像输出到电视上，色彩还原更加完善。

3.【Image Control】图像控制特效组

　　利用【Image Control】图像控制组的特效也可以更改图像的颜色或将图像转成黑白色。

　　例如，添加【Color Balance】色彩平衡特效的参数设置及效果如图 3-51 所示。

图 3-51　【Color Balance】色彩平衡特效及效果图

添加【Black & White】黑白特效的效果如图 3-52 所示。

图 3-52 【Black & White】黑白特效效果图

利用上述特效命令可以调整图像的亮度和颜色,还可以根据影片的情节需要改变影片的色调。不同的色彩能传递出不同的情感,不同的影片也有自己独特的色彩基调。

校色时首先是校正明暗影调,然后是校正颜色,或根据需要更改影片的颜色,校色通常需要多次调整才能达到理想效果。

3.6.2 抠像与画面合成

在影视剪辑的后期制作中,往往需要将多个素材合成到一起。画面合成的途径主要有以下 3 种:

(1)通过抠像技术,能够将多个素材合成到一起;

(2)通过调整素材的【Opacity】透明度合成画面;

(3)运用【运动特效】的缩放参数设置,也能制作画面叠加的画中画效果。

素材透明度调整及运动特效前面已经做过介绍,下面重点介绍抠像技术。

当我们要将一个图像合成到其他背景中时,需要借助软件生成的 Alpha 通道完成工作。但在实际生活中,大部分拍摄的素材是没有 Alpha 通道的,这就需要在前期拍摄中,先将与其他背景合成的主体放到一个特定的背景下拍摄,如选择蓝色或绿色背景进行拍摄,然后将拍摄的素材数字化后,利用抠像技术将背景透明,使对象能合成到其他背景上。这里一定要注意的是,拍摄时背景的布光十分重要,好的布光和均匀的布光能使拍摄素材色彩还原正常,同时利于后期抠像。

此外,功能强大的抠像工具也是后期抠像中必不可少的。Premiere Pro CS4 提供了多种抠像特效,抠像(也称【Keying】键控)特效组如图 3-53 所示,下面进行简单的介绍。

主要通过颜色、亮度、通道、控制手柄切割等方法抠出对象。

1. 利用控制手柄切割方法抠像

【Sixteen-point Garbage Matte】16 点无用信号遮罩、
【Four-point Garbage Matte】4 点无用信号遮罩、
【Eight-point Garbage Matte】8 点无用信号遮罩可通过控

图 3-53 【Keying】键控特效组

制手柄将图像某些部分遮盖掉。

2. 利用颜色抠像

【Chroma Key】色度键、【Color Key】颜色键、【RGB Difference Key】RGB 差异键允许在素材中选择一种颜色或一个颜色范围，并使之透明，这是常用的抠像方法。使用颜色抠像时，需要在明亮和布光均匀的背景上拍摄，背景色彩必须与对象有明显的反差，这样抠像效果较好。

为素材添加颜色抠像特效。在【Effect Control】特效控制台上，选择吸管工具，在要抠去的颜色上单击吸取颜色。然后通过调整【Similarity】相似度参数控制抠出颜色的宽容度范围。

【Blue Screen Key】蓝屏键、【Green Screen Key】绿屏键、【Non Red Key】非红键为比较常用的抠像方法。【Blue Screen Key】可用在纯蓝背景画面上抠像，【Green Screen Key】可用在纯绿背景画面上抠像，【Non Red Key】可用在蓝色和绿色背景的画面上抠像。

3. 利用亮度抠像

【Luma Key】亮度键主要利用对象与背景间的亮度差别抠出对象，它可以在抠出图像的灰度值的同时保持图像的色彩值。它可通过阈值和切割控制附加的灰度值，并调节灰度值的亮度。

4. 利用通道方法抠像

【Alpha Adjust】Alpha 调整、【Image Matte Key】图像遮罩键、【Track Matte Key】轨道跟踪键都是通过图像上的通道进行抠像的。利用【Track Matte Key】抠像时，将要抠像的素材置于下层轨道，轨道跟踪素材置于上层轨道，在抠像素材上添加【Track Matte Key】，抠像素材、轨道跟踪素材和合成背景如图 3-54 到图 3-56 所示。

图 3-54　抠像素材（马跑）

图 3-55　轨道跟踪素材（马跑轨道跟踪）

图 3-56　合成背景

为素材"马跑"添加【Track Matte Key】轨道跟踪键控，参数设置及 Video 视频轨道排列如图 3-57 和图 3-58 所示。

图 3-57　【Track Matte Key】　　　　　　　　　图 3-58　轨道素材排列顺序

合成效果如图 3-59 所示。

图 3-59　合成效果图

5.【Difference Matte】差异遮罩

它适合固定机位拍摄的素材，通过比较一个原层和它的差异层，颜色与位置都相同的像素被透明，从而抠出所需的对象。

3.6.3　常用【Video Effect】视频特效

"校色"与"抠像"是两项重要的视频特效，在后期剪辑中经常会用到。此外 Premiere Pro CS4 还提供了较多的其他视频特效，下面介绍常用的几种视频特效。

Premiere Pro CS4 包含的【Video Effect】视频特效组如图 3-60 所示。

Video Effects	
Adjust	调整
Blur & Sharpen	模糊与锐化
Channel	通道
Color Correction	色彩校正
Distort	扭曲
GPU Effects	GPU效果
Generate	实用
Image Control	图像控制
Keying	键控
Noise & Grain	噪波与划痕
Perspective	透视
Render	渲染
Stylize	风格化
Time	时间
Transform	转换
Transition	切换
Utility	生成
Video	视频

图 3-60　视频特效组【Video Effects】

1．改变素材的形状和外观

其中【Transform】转换特效组可以对素材进行裁切和水平、垂直翻转（保持）等操作，可以帮助切出图像中不需要的黑边等。

【Perspective】透视特效组可以帮助素材在屏幕上模拟三维空间效果，如图 3-61 所示。

图 3-61　【Basic 3D】特效及效果图

【扭曲】特效组可以对素材进行各种类型的扭曲。

2．添加艺术效果

【Blur ＆ Sharpen】模糊与锐化特效组可以对素材进行各种类型的模糊及锐化效果，如图 3-62 所示。

图 3-62　【Gaussian Blur】特效及效果图

【Noise & Grain】噪波与划痕特效组可以增加素材的表面质感，可以模拟旧电影等效果。

【Stylize】风格化特效组可以为素材增加各种艺术效果，如图 3-63 所示。

图 3-63　【Brush Strokes】特效及效果图

3. 视频 Video 切换效果

【GPU】特效组和【Transition】过渡特效组可以模拟视频切换效果。

4. 速度控制

【Time】时间特效组可以改变素材播放速度，制造重影等播放效果。

1）案例 1：局部马赛克

■ 观看案例及技术分析

在制作节目中，经常要在不宜清晰显示的人物面部、文字或标志上添加马赛克效果，使图像仅能呈现大致形状而不能看清细节。

■ 操作步骤

步骤 1　新建【Project】项目文件，项目参数选择 "DV-PAL" 下面的 "Standard 48kHz"。

步骤 2　新建 Sequence 序列，设置相关 Sequence 序列参数。

步骤 3 导入素材"快乐生活",在源监视器窗口设置入点与出点为 00:00:25:23 和 00:00:26:05,为此段素材添加马赛克效果。

步骤 4 将素材插入到 Video1 视频轨道,按住【Alt】键选择音轨 1 素材,解除音视频素材链接,右击弹出快捷菜单,选择【Clear】清除删除音轨素材。

步骤 5 复制 Video1 视频轨道素材,并将其粘贴到 Video2 视频轨道的相同位置,使两段素材重叠在一起,如图 3-64 所示。

图 3-64 轨道素材排列顺序

步骤 6 为 Video2 视频轨道素材添加【Transform】→【Crop】特效,暂时关闭视频 Video1 轨道显示。

步骤 7 打开【Effect Control】特效控制窗口,设置参数及效果如图 3-65 和图 3-66 所示。

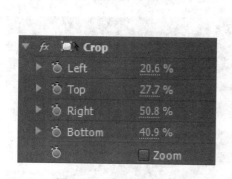

图 3-65 【Crop】特效

图 3-66 【Crop】特效效果图

步骤 8 将播放头移动到 0 秒 0 帧,调整【Crop】裁切位置如图 3-67 所示,添加关键帧。

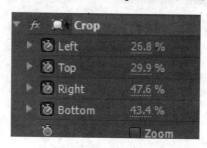

图 3-67 【Crop】特效裁切位置

步骤 9 将播放头移动到最后一帧,发现大人头像位置发生明显变化,因此重新调节【Crop】裁剪参数,裁剪位置如图 3-68 所示,添加关键帧。

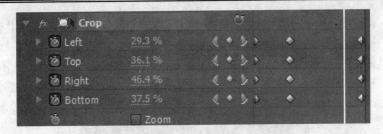

图 3-68　【Crop】特效关键帧

步骤 10 展开【Video Effect】特效窗口，选择【Stylize】风格化→【Mosaic】马赛克特效，将其直接拖曳到 Video2 视频轨道的素材上，设置参数如图 3-69 所示。

图 3-69　【Mosaic】特效

步骤 11 显示 Video1 视频轨道素材，浏览节目，发现大人脸部始终处于马赛克状态，局部马赛克合成效果如图 3-70 所示。

图 3-70　局部马赛克效果图

步骤 12 保存文件，输出影片。

技巧：制作局部马赛克效果要注意两点。①将相同素材叠加在视频 Video 轨道上，下层轨道素材做背景。②上层轨道素材添加马赛克效果前，可以利用裁剪或遮罩技术仅保留需要进行马赛克的局部。

2）案例 2：幻影拖尾

■ **观看案例及技术分析**

观看素材影片了解本案例的大致内容。

■ **操作步骤**

步骤 1 新建【Project】项目文件，项目参数选择"DV-PAL"下面的"Standard 48kHz"。

步骤 2 新建 Sequence 序列，设置序列 Sequence 的参数。

步骤3导入素材"NBA全明星扣篮大赛 2008",在源监视器窗口设置入点与出点为00:01:32:06 和 00:01:41:19,并将其插入到视频 Video1 轨道。

步骤4为其添加【Time】时间→【Echo】重影特效,参数设置如图3-71 所示。

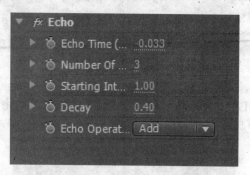

图 3-71　【Echo】重影特效

步骤5浏览节目,发现运动员身后跟着3个重影,效果如图3-72 所示。

图 3-72　【Echo】重影特效效果图

步骤6保存文件,输出影片。

技巧:重影回显时间为负值时,在主体运动后方出现重影;重影回显时间为正值时,在运动前方出现重影;通过调整起始强度和衰减可控制画面的亮度。

重影特效一般用在带有透明信息的图像、文字或运动主体上,如果是静态主体则不适合应用重影特效。

【Video Effect】视频特效功能强大,可以为图像添加各种各样的艺术效果,在应用中同一素材可同时添加多个视频 Video 特效,从而达到最理想的视觉效果。

3.7　音频编辑与特效

声音是影视节目的重要组成部分,Premiere Pro CS4 中包含 3 种声音类型,即单声道、立体声、5.1 环绕立体声,对于音频素材的基本操作与视频 Video 素材相同。可以为音频素材添加音频过渡和音频特效。在添加音频特效时需注意,音频素材的类型与其音频特效组是对应的,如不能为立体声添加 5.1 环绕立体声的音频特效。下面简要介绍音频的编辑及特效制作方法。

1. 使用音频单位

展开音频轨道，单击音频轨道【Set Display Style】▣的下拉三角按钮，执行【Show Waveform】显示波形▦命令，可以在时间线上显示素材的音频波形，如图 3-73 所示。

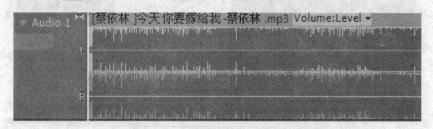

图 3-73　显示音频轨道素材波形

如要显示音频单位，可单击时间线面板右上角的▦按钮，选择【Show Audio Time Units】显示音频单位即可在时间标尺上显示相应的时间单位，如图 3-74 所示。

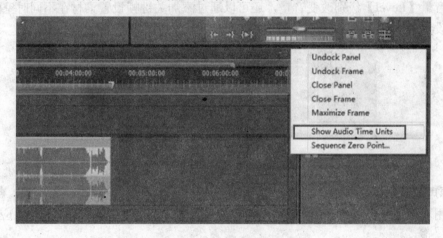

图 3-74　显示音轨素材音频单位

默认情况下，Premiere 项目文件的音频单位为音频采样率。要更改音频单位，可执行【Project】项目→【Project Setting】项目设置→【General】常规命令。在弹出的对话框中，单击【Audio】音频选项组中的【Display Format】显示格式下三角按钮，选择【Milliseconds】毫秒选项即可。

2. 改变音频持续时间

在时间线上选中要改变持续时间的音频素材，将鼠标置于音频素材末尾，当光标变成红色方括号箭头时，直接拖动鼠标即可改变素材长度。

也可以选中音频素材，右击弹出快捷菜单，选择【Speed/Duration】速度/持续时间命令，弹出【Clip Speed/Duration】素材播放速度/时间对话框，设置素材的持续时间，如图 3-75 所示。

3. 调整音频的音量

在【Audio Master Meter】主音频计量器面板上，峰值指示器可显示播放音频素材所达到的峰值音量，通常情况下，峰值应介于 0~-6dB 之间。如果红色剪辑指示器亮起，则会降低一个或多个音频素材的音量，如图 3-76 所示。

图 3-75　设置素材播放速度和持续时间

图 3-76　主音频计量器

可以通过特效控制台或在时间线上直接更改素材的音量。

用鼠标直接拖动时间线音频轨道素材上的黄线，即可更改音频的音量。在特效控制台上可通过设置音量【Level】级别改变音量，还可以通过添加关键帧设置素材在不同时空的音量。

通过设置关键帧，可以实现音频的淡入淡出效果，如图 3-77 所示。

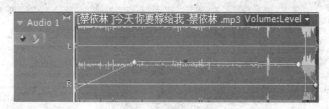

图 3-77　设置音轨素材的淡入淡出效果

4．源声道映射

当使用双声道或多声道音频素材，而只想使用其中一个声道中的声音时，可以应用源声道映射功能。

将音频素材导入【Project】项目面板，双击素材，在源素材监视器窗口可以看到素材具有左右声道，如图 3-78 所示。

图 3-78　在源素材监视器窗口显示音频素材波形

在【Project】项目面板中选中要转换声道的素材，执行【Clip】素材→【Audio Opation】音频选项→【Source Channel Mappings】源声道映射命令，在弹出的对话框中，禁用【L】左或【R】右，单击【OK】按钮即可，如图 3-79 所示。

图 3-79　设置音频素材源声道映射

5．强制为单声道

在【Project】项目面板中选中要强制单声道的音频素材，执行菜单【Clip】→【Audio Option】→【Breakout to Mono】命令即可将原始声音分离为左右两个声道素材，如图 3-80 所示。

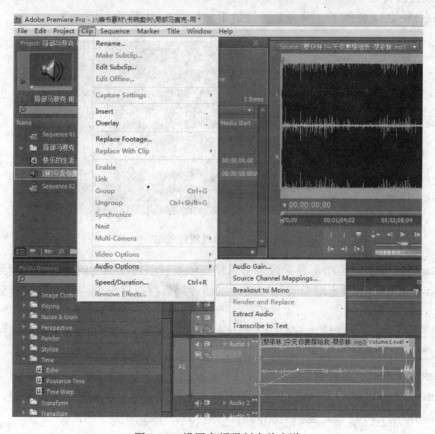

图 3-80　设置音频强制为单声道

分离出的音频素材自动添加到【Project】项目面板，如图 3-81 所示。

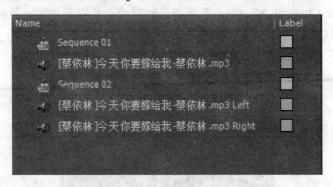

图 3-81　强制单声道后音频素材

6. 调整增益

增益用于调整整段素材的整体音调高低，在一个影视节目中往往应用多段素材，为了调整某段音频素材信号不致过高或过低，可以通过调整增益，平衡多段素材的音调。

在【Project】项目面板中选中音频素材，执行菜单【Clip】素材→【Audio Opations】音频选项→【Audio Gain】音频增益命令，弹出【Audio Gain】音频增益对话框，可以输入-96 到96 之间的任意数值，当增益值大于 0 时表示增大音频的增益，当数值小于 0 时表示降低音频的增益。

7. 音频过渡特效

Premiere Pro CS4 提供了 3 种音频过渡效果，如图 3-82 所示。

图 3-82　音频过渡特效组

【Constant Power】恒定功率音频过渡可以使音频素材以逐渐减弱的方式，过渡到下一音频素材；【Constant Gain】恒定增益音频过渡可以使音频素材以逐渐增强的方式过渡到下一个音频素材。

只需将音频过渡特效直接拖到音频素材的起始端或两段音频素材之间，然后通过特效控制台调整音频过渡的相关参数即可。

8.【Audio Effect】音频特效

在 Premiere Pro CS4 中音频素材分为单声道、立体声和 5.1 环绕立体声三大类，不同的声音类型具有独特的音频特效，也具有相同的音频特效，下面简要介绍。

1）【Bandpass】选频

该特效可用来去除特定频率范围之外的一切频率，如图 3-83 所示。

【Center】中值用于确定中心频率范围。【Q】用于确定被保护的频率范围，【Q】值越低，频率范围越宽，【Q】值越高，频率范围越窄。

2）【Multitap Delay】多功能延迟

该特效可对音频素材的延迟效果进行控制，参数控制面板如图 3-84 所示。

图 3-83　【Bandpass】选频特效　　　　图 3-84　【Multitap Delay】多功能延迟特效

【Delay】延迟用于设置原始素材的延迟时间，最大延迟 2s。

【Feedback】反馈用于设置反馈到原始声音中的延迟音频。

【Level】级别用于设置每个回声的音量大小。

【Mix】混合用于设置回声之间的融合状况。

3）【Lowpass】【Highpass】低通与高通

低通可以去除高于制定频率的声音频率，其中【Cutoff】屏蔽度用于指定可通过的最高声音频率。

高通用于去除低于制定频率的声音频率。

4）【Spectral Noise Deduction】消除噪声

可以自动发现声音中的噪声，并将噪声去除。

5）【Chorus】和声

可以创造和声效果。它可以复制一个原始声音，并对其做降调或频率偏移等处理，再将形成的声音效果与原始声音混合播放。在和声特效中，【频率】用于产生变调的声音效果；【深度】可以使和声效果更加自然、宽广；延迟用于设置声音的延迟程度；反馈用于设置素材的回声效果；混合用于设置原始声音与效果声音的混合程度。

6）【Balance】平衡

它是立体声声道独有的音频特效，用于平衡音频素材的左右声道。在特效控制台调整其参数，当平衡音频特效参数值为正时，系统将调整右声道的平衡值；当参数值为负时，系统将调整左声道的平衡值。

7）【Fill Right】**使用右声道**

立体声声道独有的音频特效，用于对音频素材的右声道的声音进行复制，然后替换到左声道，而将原来左声道的声音文件删除。

8）【Fill Left】**使用左声道**

立体声声道独有的音频特效，用于对音频素材的左声道的声音进行复制，然后替换到左声道，而将原来右声道的声音文件删除。

9）【Invert】**互换声道**

将立体声音频素材的左右声道进行交换，主要用于录制声音的处理过程中。

10）【Volume】**声道音量**

存在于 5.1 环绕声道和立体声声道中，在特效控制台上，可以控制音频素材中每个声道的音量大小。

3.8　本　章　小　结

本章主要介绍影片剪辑的基本原则、镜头组接技巧、动作剪辑点的选择、影片节奏的控制方法，以及视频 Video 特效和音频特效的编辑应用方法。通过案例制作，训练用镜头讲述完整事件及为影片校色调色和添加适当视频 Video 特效，利用键控合成素材，灵活控制影片播放节奏等能力。

课后思考题

一、简答及思考题

1．简述镜头组接的艺术指导原则。

2．找一部电影分析镜头组接技巧及影片节奏。

二、实际操作题

1．通过各种渠道搜集素材，编辑一段有故事情节的 2min 左右的短片。

2．搜集一段体育赛事视频，重新编辑以更改影片节奏。

3．找一部电影或电视剧为其制作宣传片花或片头。

第 4 章　特效合成软件 After Effects 基础

主要内容

1. 介绍合成软件 After Effects CS4 的工作界面
2. 详细介绍各个功能面板的使用方法和技巧
3. 通过实例讲解的方式认识 After Effects CS4 的基本用途

知识目标

1. 了解 After Effects CS4 的工作界面
2. 掌握素材导入的基本方法
3. 掌握影片输出的基本方法

能力目标

能利用 AE（After Effects）制作简单视频影片

学习任务

1. 自己创建合成，并进行属性的设置
2. 导入准备的各种素材
3. 为对象设置关键帧
4. 渲染输出设置

现在影视媒体已经成为当前最大众化、最具有影响力的媒体表现形式。从好莱坞创造的幻想世界，到电视新闻所关注的现实生活，再到铺天盖地的广告，无一不影响到我们的生活。

过去，影视节目的制作是专业人员的工作，对大众来说似乎还蒙着一层神秘的面纱。十几年来，数字合成技术全面进入影视制作过程，计算机逐步取代了原有的影视设备，并在影视制作的各个环节中发挥了巨大的作用。但是，在不久前影视制作所使用的一直是价格极为昂贵的专业硬件和软件，非专业人员很难见到这些设备，更不用说用它来制作自己的作品了。

但现在，随着 PC 性能的显著提高，价格不断降低，影视制作从以前的专业硬件设备逐渐向 PC 平台上转移，原来身份极高的专业软件也逐步移植到 PC 平台上来，价格日益大众化。同时影视制作的应用也扩大到计算机游戏、多媒体、网络等更为广阔的领域，许多这些行业的人员或业余爱好者都可以利用手中的计算机制作自己喜欢的东西了。

理论上，我们把影视制作分为前期和后期。前期主要工作包括诸如策划、拍摄等工序；当前期工作结束后我们得到的是大量的素材和半成品，将它们有机地通过艺术手段结合起来就是后期合成工作。

合成技术是指将多种素材混合成单一复合画面的技术。早期的影视合成技术主要是在胶片、磁带的拍摄过程及胶片的洗印过程中实现的，工艺虽然落后，但效果是不错的。诸如，"抠像"、"叠画"等合成的方法和手段，都在早期的影视制作中得到了较为广泛的应用。与传统合成技术相比，数字合成技术是利用先进的计算机图像学的原理和方法，将多种源素材采集到计算机中，并用计算机混合成单一的复合图像，然后输入到磁带或胶片上的这一系统完整的处理过程。

至此，可以引出本章主角——After Effects（简称 AE）了，它是后期合成软件的佼佼者！

4.1　After Effects CS4 介绍

　　After Effects CS4 是 Adobe 公司最新开发的一款用于视频特效系统的专业后期合成软件。它借鉴了很多优秀软件的优点，将视频特效合成提升到了一个新的高度。凭借其强大、精确的制作工具，After Effects CS4 提供了非凡的创作力，它可灵活运用层、路径和关键帧设计的原理轻松制作各级特效，并将它们输出成影视的各种格式。

　　After Effects CS4 同样保留有 Adobe 优秀的软件兼容性。它可以非常方便地调入 Photoshop、Illustrator 的层文件，Premiere 的项目文件也可以近乎完美地再现于 After Effects 中，甚至还可以调入 Premiere 的 EDL 文件。它还能将二维和三维在一个合成中灵活地混合起来。用户可以在二维或者三维中工作或者混合起来并在层的基础上进行匹配。使用三维的层切换可以随时把一个层转化为三维的，二维和三维的层都可以水平或垂直移动，三维层可以在三维空间里进行动画操作，同时保持与灯光、阴影和相机的交互影响。

　　After Effects 软件可以创建无数种引人注目的动态图形和震撼人心的视觉效果。利用与其他 Adobe 软件无与伦比的紧密集成和高度灵活的 2D 和 3D 合成，以及数百种预设的效果和动画，它可为您的电影、视频、DVD 和 Macromedia Flash 作品增添令人耳目一新的效果。

4.2　After Effects CS4 工作界面

　　下面我们先来熟悉一下 After Effects CS4 的工作界面，这将有助于我们更好地学习它，如图 4-1 所示。

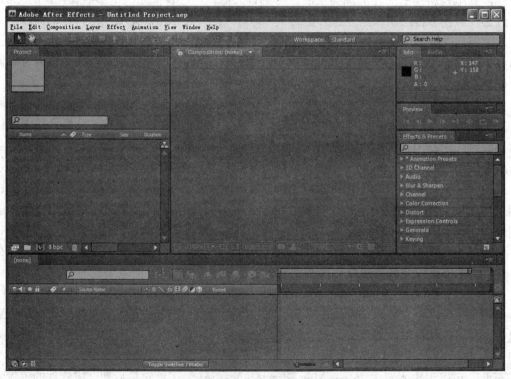

图 4-1　After Effects CS4 的工作界面

4.2.1　Project（项目）面板介绍

1.【Project Settings】窗口设置

在开始制作前，需要对【Project】进行一些常规的设置。【Project】中包含着所使用素材、层等的一系列信息。可将所有的工作文件保存在 ".aep" 的项目文件中，以备随时修改，也可以按【Ctrl+S】组合键进行保存。

执行【File】→【Open Project】命令，可以打开已经存储的项目文件。系统会自动记录最近打开过的项目文件，执行【File】→【Open Recent Project】命令选择要打开的文件即可。

执行【File】→【Project Settings】命令，在弹出的对话框中进行设置，如图 4-2 所示。

❖　【Display Style】栏主要对制作节目时所使用的时间基准进行设置。【Timecode Base】决定时间位置的基准，表示每秒含有的帧数，将它调整为 25fps，表示每秒 25 帧；【Frames】是以帧为单位工作；【Feet+Frames】是一般的胶片格式，一般情况下，电影胶片选择 24fps，PAL 制式选择 25fps，NTSC 制式选择 30fps；【Start numbering frameat】仅在【Frames】或【Feet+Frames】方式下有效，表示计时的开始，通常设为 0。

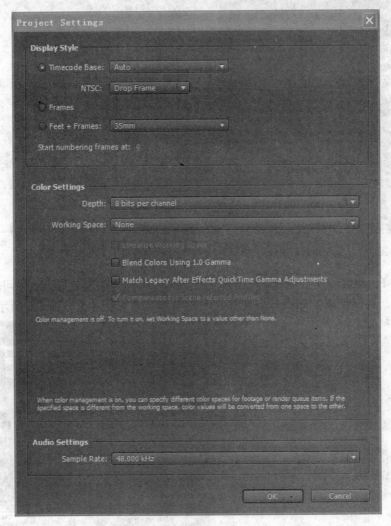

图 4-2　【Project Settings】窗口

❖ 在【Color Settings】中,【Depth】选项可以对项目中使用的颜色深度进行设置。一般在 PC 上 8bit 色彩深度就可以满足要求,但当对画面要求更高时,如制作电影或高清影片时就要选择 16bit 或 32bit 了。在 16bit 深度项目下,导入的素材也要是 16bit 图像的素材,当导入的素材低于设置的色彩深度时,就会出现一些细节的损失。

❖ 在【Audio Settings】中可指定合成中的音频所使用的采样频率。一般情况下采用默认的 48kHz。

这就完成了对【Project Settings】窗口的设置。

2. 导入素材

【Project】面板用于导入和管理素材,在 After Effects 中占据着重要的地位。利用此面板可以导入各种类型的素材,如图 4-3 所示。下面介绍导入各类素材的几种方法。

❖ 在【Project】面板中双击,就可以打开【Import File】窗口,选中要导入的一个或多个文件或文件夹,单击【打开】按钮,如图 4-4 所示。

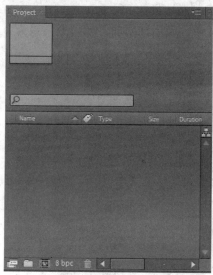

图 4-3　【Project】面板　　　　　图 4-4　【Import File】窗口

❖ 当导入 Photoshop 文件时,选中.psd 文件,可以以图片的形式导入,也可以以合成的形式导入,并保留原 Phtotoshop 文件中的图层信息,如图 4-5 和图 4-6 所示。

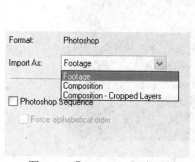
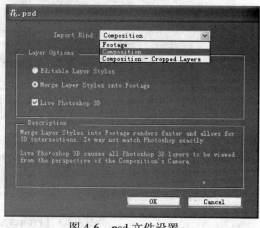

图 4-5　【Import As】类型　　　　　图 4-6　psd 文件设置

❖ 在大部分情况下，我们需要的素材是序列文件素材，序列文件是由若干幅按序排列的图片组成的，用以记录活动的影像，这些图片通常都是在动画、特效合成或编辑软件中生成的。序列文件以数字序号进行排序，当导入序列文件时，应先选中序列文件的第一个文件，在对话框中勾选【JPEG Sequence】，如图 4-7 所示。导入的序列图片在【Project】面板中显示为 ，如图 4-8 所示。

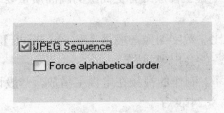

图 4-7　【JPEG Sequence 设置】　　　图 4-8　【JPEG Sequence】图层样式

3. 建立【Composition】及其相关设置

新建【Composition】的方法很多：一是单击如图 4-8 中所示的按钮；二是在【Composition】菜单中选择【New Composition】命令；三是利用快捷菜单来进行创建；四是用快捷键【Ctrl+N】。

新建合成时，系统会打开如图 4-9 所示的【Composition Settings】对话框，在该对话框中进行各参数的设置。

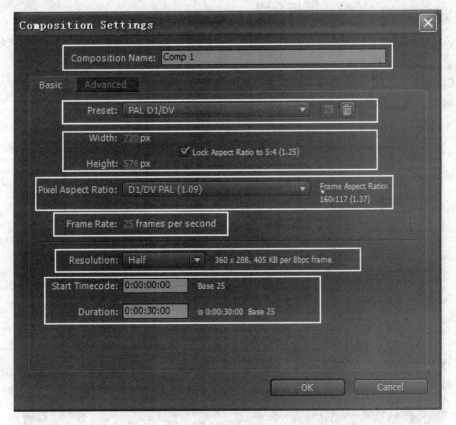

图 4-9　【Composition Settings】对话框

❖ 【Composition Name】：设定合成的名称，只需要输入合适的名称即可，当然也可以使用默认的名称，但可能会引起混淆。

❖ 【Preset】：单击此下拉列表框就可以看到很多预置的格式，选择要制作的格式即可（提示：PAL 制式是我国的视频标准，NTSC 是美国和日本的视频制式）。这里我们可以选择 PAL 制式。当我们选择之后，会发现下面几个命令的参数也发生了变化。

❖ 【Width】→【Height】：在这里以像素为单位进行宽和高的设置。如果视频只是在网上播放，一般采用 320×240 像素；如果要在电视上播放或有更高级的画面质量要求时，那大小至少要达到 720×576 像素。

❖ 【Pixel Aspect Ratio】：这里设定像素纵横比，数字图像一般是【Square Pixels】。当导入的素材的纵横比和合成的纵横比不同时，就会出现问题。

❖ 【Frame Rate】：这里决定画面播放的帧速率。制作的视频在电视上播放，一般设置为 25fps；如果是制作的电影作品，就要设置为 24fps 了。

❖ 【Resolution】：这里设定操作时在合成面板中显示的精细程度。可以选择【Full】、【Half】、【Third】、【Quarter】和【Custom】。【Full】表示最高分辨率，【Half】、【Third】、【Quarter】分别表示 1/2、1/3、1/4 的分辨率，【Custom】为自定义分辨率。分辨率的高低直接影响操作的工作效率。

❖ 【Start Timecode】和【Duration】：这里设定时间编码的起点和合成的持续时间。一般情况下起点的时间是固定的，持续的时间会根据实际制作作品的长短来进行设定。

4.2.2　Composition（合成）面板介绍

在【Comp】图像合成窗口中，可以预演节目，用户能够直观地观察要处理的素材文件，并对素材进行移动、缩放、旋转等操作。

在【Comp】窗口中间区域显示影片，周围的灰色区域则是可操作区域，当图片的大小超出显示区域时，超出的部分将不可见，如图 4-10 所示。

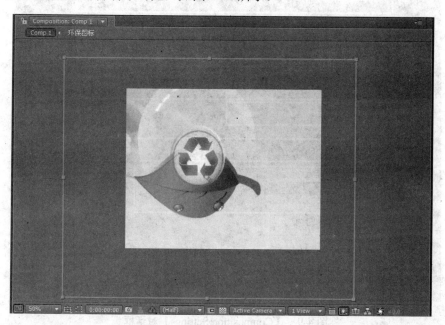

图 4-10　【Comp】窗口

【Comp】窗口的下方是一些常用的工具，下面对常用的几个按钮进行介绍。

❖ 缩放按钮 50% ▼：可以在弹出的下拉列表中选择显示区域的缩放比例。缩放按钮只改变窗口的显示像素，不改变实际分辨率。通常可以通过鼠标中键来缩放窗口。

❖ 安全框 ▣：这里显示的是文字和图片不会超出范围的最大尺寸，这非常重要。如果制作的内容将要用于播出，尺寸为 720×576 像素，在制作过程中就要注意观察安全框，以防止超出线框界限。线框由内框和外框组成，内线框是文字安全框，也就是在画面中输入文字时不能超出这部分，超出部分在电视上看就会出现残缺。外线框是操作安全框，运动的对象或图像等所有内容都必须显示在线框内部，超出部分也不可见。当然，如果制作的是 DVD、CD-ROM 或在网上播放的视频，就不会有这个问题。这个按钮的下拉菜单还可以显示标尺、网格等信息，如图 4-11 所示。

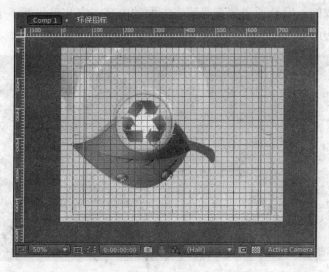

图 4-11 安全框显示

❖ 显示遮罩按钮 ▦：用于确定是否制作成显示遮罩。在使用各种遮罩工具制作遮罩的时候，使用这个按钮可以确定是否在合成窗口中显示遮罩，如图 4-12 所示。

❖ 当前时间按钮 0:00:00:00：显示当前图像所处的时间位置，即在【Timeline】窗口上时间指示器所处位置。单击当前时间按钮，弹出【Go to Time】对话框。在数值框中输入时间，时间指示器可自动到输入时间处，显示该处图像。利用【Go to Time】对话框，可以精确地在合成中定位时间，如图 4-13 所示。

图 4-12 显示遮罩按钮效果

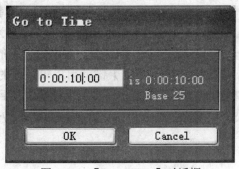

图 4-13 【Go to Time】对话框

❖ 快照按钮 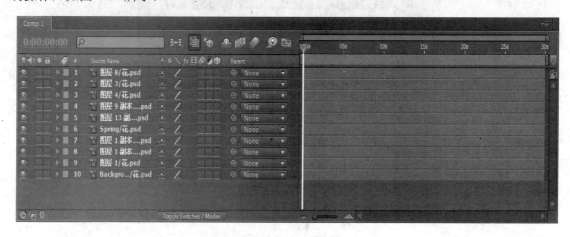：把当前正在制作的画面拍摄成照片，并且保存在内存中以便以后使用，这样可以在后续编辑的过程中随时和原来的画面做对比。

❖ 显示选定区域按钮 ：在【Comp】窗口中只查看制作内容的某一部分的时候，可以使用这个按钮。这样，可以加速预演速度，提高工作效率。使用方法是单击此按钮，在合成窗口中拖曳鼠标，绘制出一个矩形区域即可。

❖ 透明背景按钮 ：按下此按钮，【Comp】窗口中的背景从黑色转换为透明。

❖ 合成对应窗口按钮 ：单击此按钮，打开该合成相对应的【Timeline】窗口。

4.2.3 Timeline（时间线）面板介绍

在【Timeline】窗口中可以调整素材层在【Comp】中的时间位置、素材长度、叠加方式、合成渲染范围、合成的长度及通道填充等诸多方面的内容，它几乎包括了 After Effects 中的一切操作，如图 4-14 所示。

图 4-14　【Timeline】窗口

当将素材从【Project】面板中拖到【Timeline】中并确定好位置后，在【Timeline】上的素材就会以层的状态存在。每个层都具有自己的时间和空间。在 After Effects 中层的显示和 Photoshop 中是一样的，位于最上端的显示在最上面，而下端的则会被上面的层遮住。

下面介绍【Timeline】面板的一些基本功能。

❖ 合成名称 ：显示制作的合成的名称，【Comp1】是默认的名称，如果保存为其他名称，则会显示出不同的名字。

❖ 当前时间显示 0:00:01:23 ：单击此处，会弹出如图 4-15 所示的对话框，这里表示要将时间标签移动到那个时间段上，在对话框中输入时间，便可以移动时间标尺到相应位置上。Base 25 表示当前合成被设定为每秒 25 帧。

❖ 层的名称：如图 4-16 中的方框内显示的即为层的名称，如果要改变层的名称，可以先选定层，按【Enter】键就可以输入新的层的名称了。

如果要调整层的位置，只要用鼠标拖曳层到想要的位置上即可。但当层的数目过多的时候，使用快捷键或快捷菜单显得更方便，如图 4-17 所示。

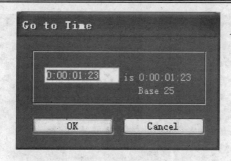

图 4-15　【Go to Time】对话框

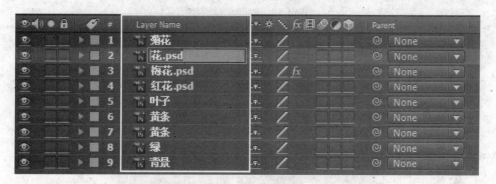

图 4-16　更改层名称

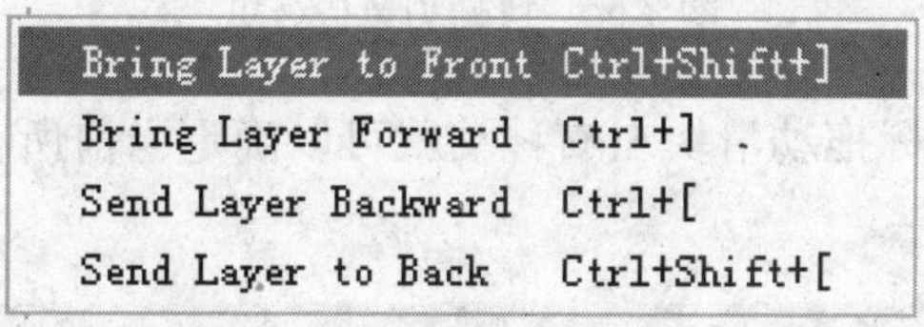

图 4-17　调整层位置快捷菜单

❖　层的长度：如图 4-18 的圆圈所示显示了层的长度。素材的种类不同，层栏的颜色也不同。用鼠标按住层栏开始或结束部位，拖动鼠标，就可以缩短或延长层的长度。利用鼠标拖动层可以移动层的入点或出点位置。层的深色区域为有效显示区域，浅色区域不在合成中显示。

图 4-18　层长度的调整

❖　时间单位的放大和缩小 　　　　　　　　　：当利用鼠标单击左侧的三角形或向左拖动滑块时，时间线上的时间单位就可以放大，如图 4-19 所示。当单击右侧的三角形或向右拖动滑块时，时间单位就可以缩小，最小可达到以帧为单位，如图 4-20 所示。

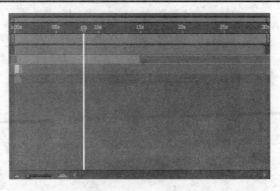

图 4-19　时间单位调整

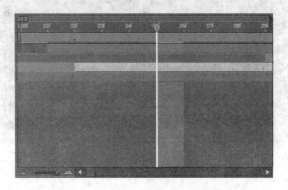

图 4-20　以帧为单位效果

❖ 时间标签：使用鼠标拖动滑块左右移动就可以确定当前所在的时间位置，如图 4-21 所示。

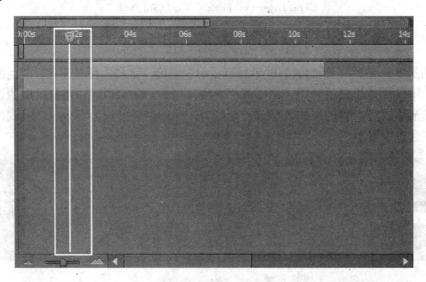

图 4-21　时间标签

　　时间标签通常利用鼠标移动，如果需要以帧为单位移动时，使用快捷键显得更方便。按【Page Up】键可以向前移动一帧，按【Page Down】键可以向后移动一帧；按【Home】键可以把时间标签定位到时间线的第一帧，按【End】键可以移动到最后一帧。利用时间标签还可以确定层的入点和出点，首先将时间标签移到新的位置上，按【Alt+［】组合键可设置当前层的入点；将时间标签移到新的结束位置，按【Alt+]】组合键可设置当前层的出点。

❖ 视频开关 ：控制是否在合成中显示素材层的图像。

❖ 音频开关 ：控制是否在合成中显示音频效果。

❖ 独奏开关 ：选择此项，在合成窗口中仅显示当前层。也可以同时打开多个层的独奏开关用来控制层的显示情况。

❖ 锁定开关 ：控制当前层能否被用户操作。

在【Timeline】中还有很多细节的知识，我们会在以后的实例中继续给大家讲解。

4.2.4　Tool（工具）面板介绍

工具面板是对合成中的对象进行操作的，如图 4-22 所示。下面依次简要介绍各个按钮或按钮组的用处（按从左到右的顺序依次介绍，括号中为该工具的快捷键）。

图 4-22　【Tool】面板

❖ 选取工具（V）：用于在合成或层窗口中选取、移动对象。

❖ 视角移动工具（H）：当窗口的显示范围放大时，可利用此工具拖动查看窗口以外的图像内容。

❖ 缩放工具（Z）：用来放大或缩小视角范围的工具。按住【Alt】键，放大工具变为缩小工具；放大或缩小合成显示区域后，双击缩放工具，合成显示区域按 100%显示。

❖ 旋转工具（W）：在合成窗口中使用，对素材进行旋转。

❖ 摄像机工具（C）：这个工具只有在"时间线"面板中存在摄像机图层的时候才会被激活。而一般的 2D 涂层则无法使用这个工具。通过这个工具可以控制整个画面的屏幕放大或缩小。

❖ 轴心点工具（Y）：用于改变图层中心点的位置。确定中心点就意味着在旋转、缩放时按照哪个轴进行。

❖ 遮罩工具（Q）：用于建立矩形或其他各种形状的遮罩。

❖ 转换角点工具（G）：用于将路径的顶点在平滑模式和锐利模式间进行切换。主要用于绘制不规则 Mask 或开放的 Mask 路径。

❖ 文本工具（Ctrl+T）：主要用于在合成影片中建立文本，包含横排文本和竖排文本。

❖ 笔刷工具（Ctrl+B）：主要用来在画面中创建各种笔触及颜色，在层窗口中进行特效绘制。

❖ 仿制图章工具（Ctrl+B）：使用仿制图章工具在图层窗口的图像上采样，然后在当前层或其他层复制从采样点开始的图像。

❖ 橡皮工具（Ctrl+B）：用来擦除图层上的图像。

❖ 木偶工具（Ctrl+P）：使用这个工具可以设置固定点，使对象产生动作上的跟随效果。

4.2.5　Render Queue（渲染队列）面板介绍

【Render Queue】面板在默认情况下没有出现在 After Effects 的界面中，然而【Render Queue】的功能却是很重要的，因此在这里详细介绍一下此面板的参数设置。

当我们在 After Effects 中完成合成影片工作后，就要进行影片的渲染输出了，执行【Composition】菜单中的【Make Movie】命令，或者直接按快捷键【Ctrl+M】即可打开【Render Queue】面板，如图 4-23 所示。

New Composition...	Ctrl+N
Composition Settings...	Ctrl+K
Background Color...	Ctrl+Shift+B
Set Poster Time	
Trim Comp to Work Area	
Crop Comp to Region of Interest	
Add to Render Queue	Ctrl+Shift+/
Add Output Module	
Preview	▶
Save Frame As	▶
Make Movie...	Ctrl+M
Pre-render...	
Save RAM Preview...	Ctrl+Numpad 0
Composition Flowchart	Ctrl+Shift+F11
Composition Mini-Flowchart	tap Shift

图 4-23　【Composition】菜单中的【Make Movie】命令

也可以执行【Composition】菜单中的【Pre-render】命令，打开【Render Queue】面板，如图 4-24 所示。这时如果想要渲染其他合成文件，只需要将【Project】面板中的合成拖放到【Render Queue】面板中即可。

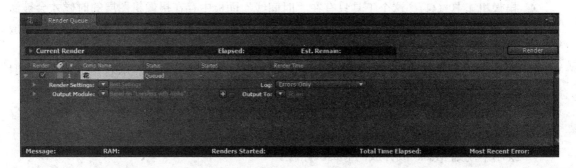

图 4-24　【Render Queue】面板

在【Render Queue】窗口中的【Rendering Settings】渲染设置后面的下画线上单击就会弹出【Render Settings】对话框，如图 4-25 所示。在此窗口中可以设置视频影片的质量，也可以设置视频影片的持续时间等。

在【Render Queue】窗口中的【Output Module】后面的下画线上单击就会弹出【Output Module Settings】输出模块设置对话框，在【Format】属性右侧展开下拉列表框，可以选择影片输出的格式，常用的视频格式有【Video For Windows（avi）】、【Windows Media（wmv）】、【QuickTime Movie（mov）】、【MPEG2】、【FLV】，也可以导出静帧图片【JPEG Sequence】、【PNG Sequence】等，如图 4-26 所示。

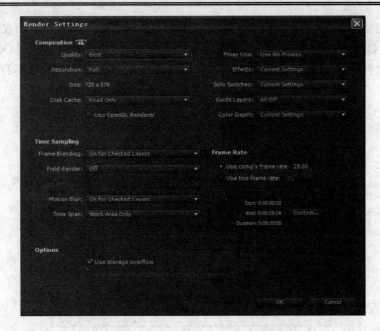

图 4-25　【Rendering Settings】对话框

图 4-26　输出格式

选择好输出格式后，会打开相应的格式设置对话框，再进行具体参数的设置即可。

在【Render Queue】窗口中的【Output To】后面的下画线上单击就会弹出【Output Movie To】对话框，在此设置输出路径和输出文件名，然后单击【保存】按钮，如图 4-27 所示。

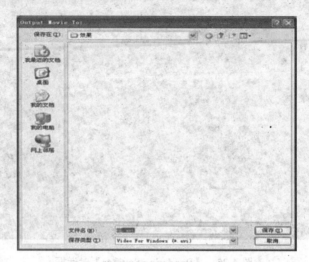

图 4-27　保存窗口

设置好参数后，单击【Render】按钮，即可开始渲染，渲染状态栏中会显示队列的状态，如图 4-28 所示。

图 4-28　显示队列状态

4.3　案　例　制　作

在前面已经大体了解了 After Effects 的工作界面，下面通过一个案例来熟悉在 AE 中制作影片的流程和制作方法。

4.3.1　观看案例及技术分析

通过观看素材影片了解本案例的大致内容，如图 4-29 所示。

图 4-29　制作效果

4.3.2　案例制作流程

本章中利用花间蝶舞案例来讲解在 AE 中制作影片的流程。

（1）导入素材。

（2）参数调整。

（3）定义关键帧。

（4）添加特效。

（5）输出。

4.3.3　操作步骤

在观看完视频后，就一起来动手开始制作这个效果吧！

步骤 1　启动 After Effects，新建【Project】，在【Project】面板中的空白处右击，选择【New Composition】，命名为"花间蝶舞"，各参数设置如图 4-30 所示。

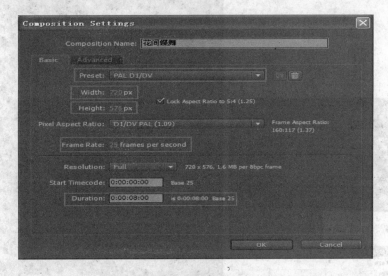

图 4-30　合成参数设置

步骤 2　在【Project】面板中双击，就可以打开【Import File】窗口，找到要导入的【hudie】文件夹中的图片素材，选中【1.png】文件，勾选【PNG Sequence】，单击【打开】按钮，如图 4-31 所示。这样静帧序列图片就导入了。

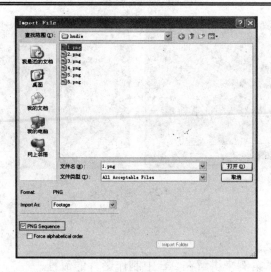

图 4-31 【Import File】窗口

步骤 3 导入后的静帧序列图片只有 6 帧的长度，并且默认的帧频是 30fps，而在本案例中蝴蝶飞舞的画面需要重复播放，而帧频则是 25fps。右击【Project】窗口中的【[1-6].png】，执行【Interpret Footage】→【Main】命令，如图 4-32 所示。在打开的窗口中将【Loop】的值调整为 100，如图 4-33 所示。这样扩展后的静帧序列就可以重复动作，达到反复展翅飞翔的效果了。

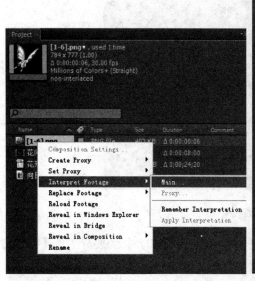

图 4-32 【Interpret Footage】→【Main】命令   图 4-33 【Loop】参数设置

步骤 4　下面分别导入【花开 31.mov】视频文件和【向日葵.jpg】背景图片文件，并将它们拖入到【Timeline】窗口中，如图 4-34 所示。

图 4-34　图层关系

步骤 5　调整各图层的位置。选中【花开 31.mov】，执行【Effects】菜单中的【Keying】→【Color Key】色键命令，如图 4-35 所示。

图 4-35　【Keying】→【Color Key】命令

步骤 6　在打开的【Effect Controls】面板中，将【Key Color】调整为黑色，【Color Tolerance】的值调整为 39，【Edge Thin】调整为 1，【Edge Feather】调整为 0.6，参数设置如图 4-36 所示，效果如图 4-37 所示。

步骤 7　下面开始设置蝴蝶飞舞的关键帧。选中【[1-6].png】图层，调整蝴蝶的大小和位置，将时间线指针定位在 0 位置，将蝴蝶移动到【Comp】窗口外面，展开【Transform】属性，打开【Position】前的关键帧开关，将【Position】的值设置为（-78，346），如图 4-38 所示。

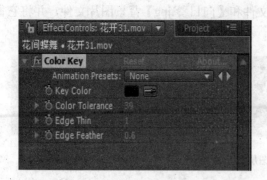

图 4-36　参数设置

图 4-37　设置效果

图 4-38　【Position】设置

　　步骤 8　移动时间线指针位置，调整蝴蝶的位置，制作蝴蝶在画面中飞舞的路径，如图 4-39
所示。

图 4-39　蝴蝶飞舞路径

　　步骤 9　在为【Position】添加关键帧的同时，要注意打开【Scale】的关键帧开关，因为当
蝴蝶的位置发生变化时，它的大小也要发生变化，距离画面远的蝴蝶看起来比较小，距离画面
近的蝴蝶看起来大一些，如图 4-40 所示。

　　步骤 10　按小键盘的【0】键播放，观察效果，调整位置和大小。

图 4-40　关键帧设置

步骤 11　为了让效果更丰富，制作蝴蝶尾端的花粉特效。新建【Solid】，执行【Effect】菜单中的【Simulation】→【Particle Playground】粒子运动场特效命令，添加花粉的粒子效果。这时在画面正中间有一个粒子发生器，拖动时间线发出红色粒子。下面调整【Particle Playground】的参数，将【Cannon】中的【Color】调整为淡黄色，【Particle Radius】调整为1.0，调整【Gravity】中的【Force】的值为58，如图 4-41 所示。

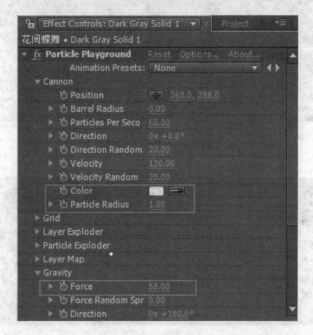

图 4-41　参数设置

步骤 12　下面调整粒子的位置跟随蝴蝶位置的效果。选中【[1-6].png】，按【P】键展开【Position】；选中【Solid】，展开【Effect Control】窗口中【Particle Playground】特效的【Cannon】参数，单击【Cannon】中的【Position】，单击【Animation】菜单中的【Add Expression】添加表达式，这时在它的下端会出现一个线圈，拖动线圈到蝴蝶层的【Position】参数上，就可以将【Cannon】的【Position】和蝴蝶的【Position】进行关联了，如图 4-42 所示。

步骤 13　预览效果，渲染输出。执行【Composition】菜单中的【Make Movie】命令，打开【Render Queue】面板，如图 4-43 所示。

步骤 14　执行【Output Module】中的【Lossless】命令，打开【Setting】窗口，设置要导出的视频格式为【Window Media】，在打开的窗口中自定义导出窗口的大小为 720×576 像素，单击【OK】关闭窗口。执行【Output To】命令，设置文件保存的位置和名称，单击【Render】

按钮开始渲染，完成制作，如图 4-44 所示。

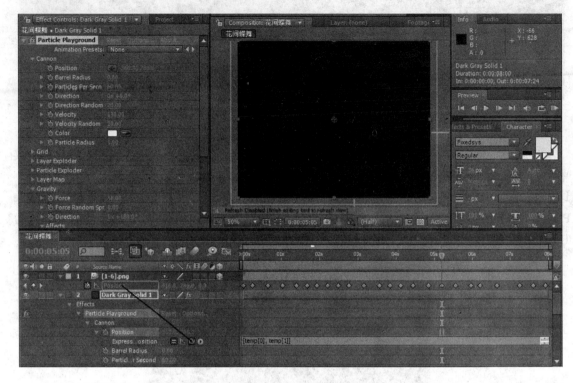

图 4-42　表达式关联

图 4-43　【Render Queue】面板

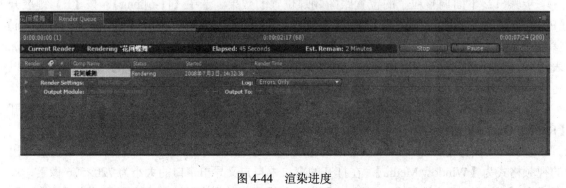

图 4-44　渲染进度

思维拓展提示：本案例使用了 Keying 的方法来去掉黑色，其他单色背景的去除也一样可以采取这种方法来操作。制作蝴蝶的飞舞效果也可以引申到制作其他图片素材或视频素材的大小和位置的变化效果。粒子效果，则在以后的章节中还会继续学习，不妨自己先试试看。

4.4　本 章 小 结

在本章中，详细地介绍了 After Effects 的工作环境和各个面板窗口的功能。本章还通过一个简单的案例让读者能够了解在 After Effects 中的工作流程和一些特技制作的方法，加深对层的认识，了解如何将各类素材导入 After Effects 的方法，了解如何去除单色背景，如何通过关键帧来设置动画，以及如何通过表达式来关联动画等，另外还学习了利用特效制作绚丽的特技效果，并了解影片的基本输出设置等。

课后思考题

一、填空题

1. 合成窗口中安全框分为内框和外框，内框为_____，外框为_____。

2. 利用时间标签可以确定层的入点和出点，首先将时间标签移到新的位置上，按_____键设置当前层的入点；将时间标签移到新的结束位置，按_____键设置当前层的出点。

3. 影片制作完成输出时，默认的视频格式是_____，我们还可以将格式调整为其他格式，如_____、_____和_____。

二、简答及操作题

1. 有一个素材的背景是绿色的，使用什么特效可以将背景色去掉？

2. 简单讲解关键帧的控制方式。

3. 在 Photoshop 中分层制作完成了一辆汽车，车身和车轮在不同的图层上，试在 AE 中操作以实现轮子随着车子的运动而运动，同时实现车轮的自身旋转。

第 5 章　AE 特效合成基础案例

主要内容

1. 分形噪波特效应用
2. 矢量动态画笔特效应用
3. 自带粒子特效实例制作
4. 调色特效实例制作
5. 文字特效实例制作
6. 稳定技术应用

能力目标

1. 掌握各种特效实现效果的关键属性设置
2. 能制作出较好的特效效果

知识目标

1. 特效的添加与属性设置
2. 制作各种特效的技巧

学习任务

1. 根据给定实例的技术，自行模仿创作实例
2. 进行多个实例的综合练习

特效是 After Effects 最具魅力的部分，它包含了分形噪波特效、矢量动态画笔特效、粒子特效、调色特效、文字特效、稳定技术等众多功能，可调整的项目从单一参数设置到上百个参数设置都有，具有很好的视觉效果，但它需要很大的耐心与创新精神。当然，知识的掌握是可以通过反复的制作与归纳总结来实现的，下面我们通过实例演练和讲解来教给读者基本的制作方法。

5.1　分形噪波特效应用

在影视动画特效中，通常会使用分形噪波来制作蓝天白云、光线等特殊效果。

5.1.1　蓝天白云实例制作

1. 观看案例及技术分析

通过观看素材影片了解本案例的大致内容，如图 5-1 所示。

利用【Fractal Noise】分形噪波的变化来制作出噪波的各种形态，并利用关键帧的设置制作出动态的变化。

图 5-1　制作效果

2．实例制作流程

（1）建立合成，添加【Solid】固态层。

（2）添加分形噪波特效，并调整参数。

（3）整体上色。

（4）设置云彩的流动，实现云彩的动态效果。

（5）添加风景图片，进行画面修饰。

（6）渲染输出。

3．操作步骤

步骤 1　启动 After Effects，新建【Project】，在【Project】面板中的空白处右击，选择【New Composition】，命名为"云"，各参数设置如图 5-2 所示。

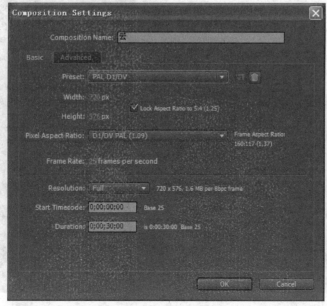

图 5-2　合成参数设置

步骤 2　在【Timeline】面板中新建一个【Solid】固态层，方法是在空白处右击，在快捷菜单中选择【New】→【Solid】，参数保持默认，如图 5-3 所示。

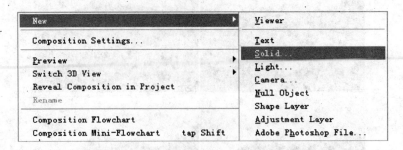

图 5-3　创建【Solid】菜单

步骤 3　执行【Effect】特效菜单中的【Noise&Grain】噪波→【Fractal Noise】分形噪波命令，添加【Fractal Noise】后的画面效果如图 5-4 所示。

步骤 4　在【Fractal Noise】特效面板中调节用到的参数，将【Fractal Type】分型类型设置为【Cloudy】；【Noise Type】噪波类型设置为【Spline】；【Contrast】对比度设置为 150；【Brightness】亮度设置为-30；展开【Transform】变换，取消勾选【Uniform Scaling】锁定纵横比选项，并将【Scale Width】设置为 200；展开【Sub Settings】，将【Sub Scaling】设置为 55，如图 5-5 所示。

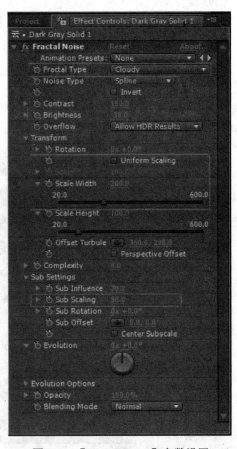

图 5-4　【Fractal Noise】效果　　　　　图 5-5　【Fractal Noise】参数设置

提示：取消【Uniform Scaling】锁定纵横比可以对噪波的水平方向或垂直方向进行独立调整。很多特殊的效果都要进行这个设置。

步骤 5　现在可以看到画面中有了云的感觉，下面我们制作蓝天白云的效果。执行【Effect】菜单中的【Color Correction】色彩校正→【Tint】染色特效命令，调整参数，将【Map Black To】的颜色设为蓝色，如图 5-6 所示，效果如图 5-7 所示。

图 5-6　参数设置　　　　　　　　　　　图 5-7　设置效果

步骤 6　下面开始制作云的流动效果。将时间标签确定在 0 秒的位置，然后在特效面板中展开【Fractal Noise】特效，按下【Offset Turbulence】偏移湍流和【Evolution】演变左边的时间码表，也就是打开关键帧设置，为这两个参数设置一个关键帧，将时间标签移动到 10 秒的位置，在特效面板中改变这两个参数的值，参数设置如图 5-8 所示。系统会在 10 秒处自动记录下关键帧。按键盘上的空格键或小键盘上的数字【0】键预览观看。

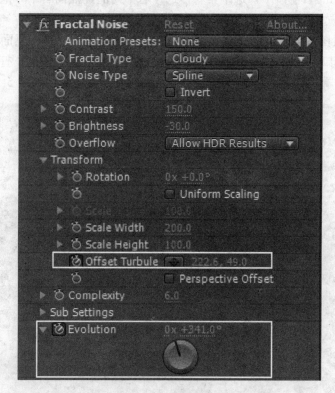

图 5-8　参数设置

提示：【Offset Turbulence】偏移湍流主要是使云的中心点进行偏移，从而制作整个云层的移动；【Evolution】演变主要是使云的形态发生变化，这样表现比较自然。

步骤7 下面为蓝天白云添加风景画面，制作较为完整的风景画面。导入所需的素材【风光.mov】文件，将素材从【Project】面板中拖入到【Timeline】面板中，放置在【Solid】层的上方，如图5-9所示。

图5-9　添加风景画面

　　步骤8 在【Comp】窗口中，选中素材，选中右下角的控点向右下方拖动，按比例调整素材的大小到合适位置。

　　步骤9 将风景图片的静态天空去掉，换上飘动的云的画面。在工具面板中，选中钢笔工具，在【Comp】窗口中或在【Timeline】窗口中双击【风光.mov】图层，打开层窗口，勾画出封闭的【Mask】遮罩。这时，没有在闭合区域外的部分不再显示，如图5-10所示。

图5-10　遮罩形状

步骤 10 回到【Comp】窗口中，就可以看到画面中去掉的天空已经被动态的云彩替换了，如图 5-11 所示。

图 5-11 替换后的效果

步骤 11 仔细观察会发现在风光画面和天空画面相接处不够自然，这就需要对遮罩的边缘进行柔化。在【Timeline】面板中单击【风光.mov】左边的三角形，再单击【Mask1】左侧的三角形，设置遮罩的边缘柔化【Mask Feather】值为 4，如图 5-12 所示。

图 5-12 参数设置

步骤 12 保存文件，执行【File】→【Save】命令，命名为"云彩"。

步骤 13 渲染输出影片。执行【Composition】→【Make Movie】命令，在打开的对话框中设定保存文件的路径和文件名，在【Render Quene】中单击【Lossless】，在【Output Module Settings】中选择输出格式为【Video For Windows】，如图 5-13 所示。

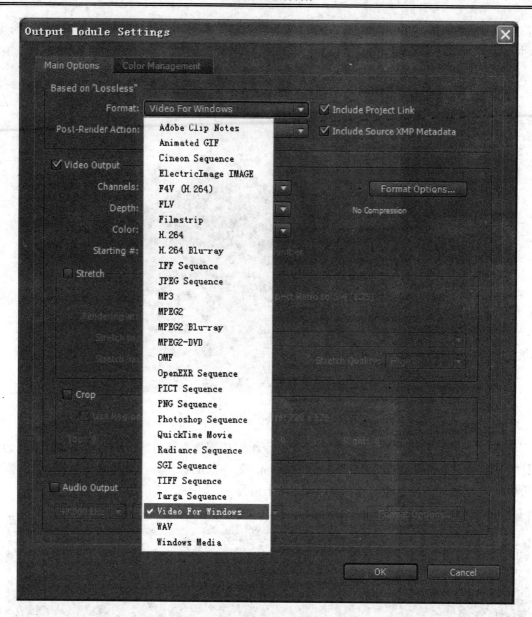

图 5-13 【Format】菜单选项

步骤 14 回到【Render Quene】对话框中，单击右上角的【Render】按钮，就开始了渲染输出。如图 5-14 所示，等待几分钟即可完成文件的生成。

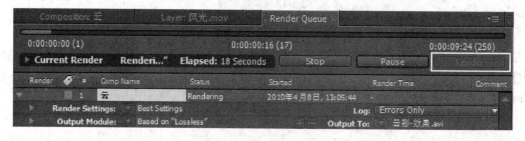

图 5-14 【Render】面板

　　思维拓展提示：本实例简单介绍了蓝天白云的动态效果的制作，读者还可以制作成天气的变化效果，从天空的晴朗到逐渐变为阴天，以及云层逐渐变厚的效果。

5.1.2　光线实例制作

1．观看案例及技术分析

通过观看素材影片了解本案例的大致内容，如图 5-15 所示。

　　利用【Fractal Noise】分形噪波的变化来制作出噪波的各种形态，并利用关键帧的设置制作出动态的光线流动效果。

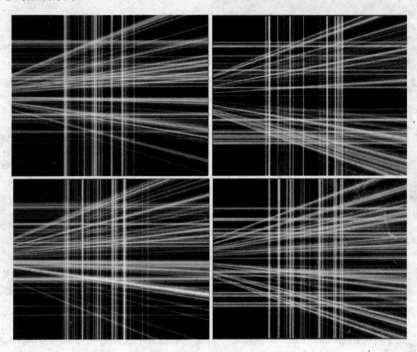

图 5-15　制作效果

2．实例制作流程

（1）建立合成，添加【Solid】固态层。

（2）添加分形噪波特效，并调整参数。

（3）调整色阶。

（4）添加光晕效果。

（5）添加关键帧，实现动态效果。

（6）调整光线位置，实现光线流动的空间感。

（7）渲染输出。

3．操作步骤

　　步骤 1 启动 After Effects，新建【Project】，在【Project】面板中的空白处右击，创建【Comp】，命名为"光线"，属性自行设置。新建【Solid】固态层，为固态层添加【Fractal Noise】分形噪波特效，将【Transform】项中的【Uniform Scaling】前的钩去掉，调整【Scale Width】的值为 10 000，【Scale Heighting】的值为 20，参数设置如图 5-16 所示，效果如图 5-17 所示。

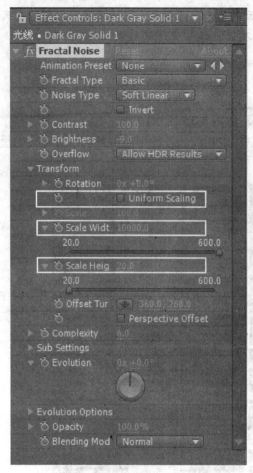

图 5-16　参数设置　　　　　　　　　　　　图 5-17　设置效果

步骤 2　调整画面中光线的亮度和对比度。为【Solid】固态层继续添加【Color Correction】→【Levels】色阶特效，设置其参数如图 5-18 所示，效果如图 5-19 所示。

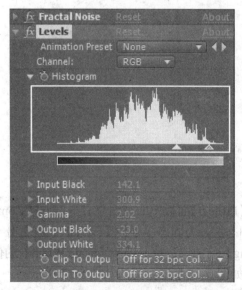

图 5-18　参数设置　　　　　　　　　　　　图 5-19　设置效果

步骤 3　接下来为光线添加颜色，使其成为彩色光线。为【Solid】固态层继续添加【Stylize】→【Glow】辉光特效，设置【Glow Threshold】辉光的阈值为 35%，【Glow Radius】半径为 21.0，【Glow Intensity】强度为 2.3，【Glow Colors】颜色为【A&B Colors】，调整【Color A】的颜色为蓝色，调整【ColorB】的颜色为紫色，也可以调整为自己想要设置的颜色。参数设置如图 5-20 所示，效果如图 5-21 所示。

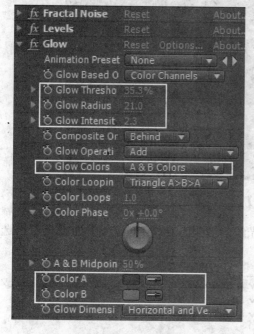

图 5-20　参数设置　　　　　　　　　　　　　图 5-21　设置效果

步骤 4　下面让光线产生流动效果，仍然回到【Fractal Noise】分形噪波特效面板，调整【Evolution】参数。将时间线指针定位在 0 秒，按下【Evolution】前的关键帧开关，将时间线指针移动到 8 秒的位置，调整【Evolution】的值为 1×+0.0，如图 5-22 所示。

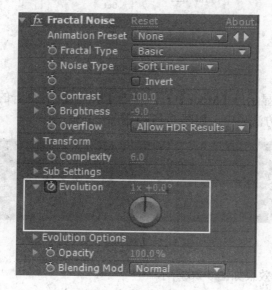

图 5-22　添加关键帧

步骤5 为了让效果更丰富，按【Ctrl+D】组合键复制【Solid】固态层，打开图层的三维开关，展开图层的属性，调整图层【Transform】中的【Rotations】的值，如图 5-23 所示。分别调整 3 个图层的【X Rotation】，【Y Rotation】，【Z Rotation】的值，读者可根据效果自行设置。

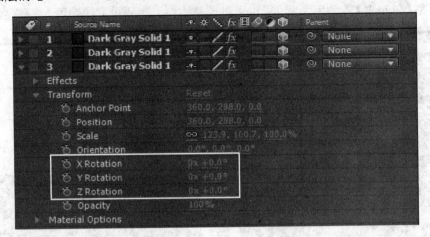

图 5-23 【Rotation】关键帧设置

步骤 6 这时会出现上层的光线挡住了下层光线的效果，在【Timeline】面板上右击选择【Columns】→【Modes】模式，如图 5-24 所示。

图 5-24 【Columns】菜单

步骤 7 在时间线上显示出【Mode】栏，单击【Mode】，在展开的菜单中选择【Screen】，将其他图层也用同样的方法设定，如图 5-25 所示。

图 5-25 【Mode】设置

步骤 8 渲染输出，效果如图 5-26 所示。

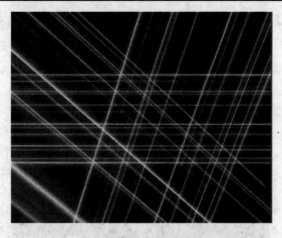

图 5-26　效果

　　思维拓展提示：目前制作的是平面上的流线效果，为图层添加【Polar Coordinates】极坐标，就可以制作出从中心点向四周发散的光线，如图 5-27 所示。

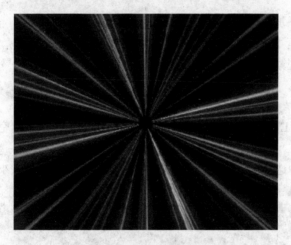

图 5-27　制作参照效果

5.2　矢量画笔特效应用

　　在影视动画特效中，通常利用矢量画笔【Vector Paint】功能来模拟手写字效果，这在片头制作中使用比较广泛。

　　矢量画笔【Vector Paint】是 After Effects 中功能强大的矢量绘画工具，利用它可以在图层中自由地绘制各种线条，并实时记录绘画的过程，以动画的形式进行回放。因此，在影视制作中也常用来制作动态的蒙版。

5.2.1　手写字实例制作

1. 观看案例及技术分析

通过观看素材影片了解本案例的大致内容，如图 5-28 所示。

利用【Vactor Paint】的动画回放功能来记录文字的书写过程，从而呈现手写字的效果。

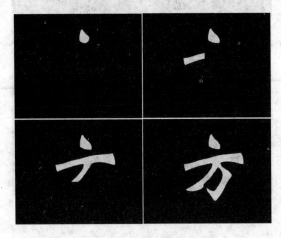

图 5-28　制作效果

2．实例制作流程

（1）建立合成，添加文字层。

（2）添加矢量画笔【Vector Paint】特效，并调整参数。

（3）记录，回放观察，调整速度。

（4）渲染输出。

3．操作步骤

步骤 1 启动 After Effects，新建【Project】，在【Project】面板中的空白处右击，选择【New Composition】，命名为"手写字"。

步骤 2 在工具箱中选择文字工具，输入文字，设置文字的字体和大小，系统会在【Timeline】面板上自动添加一个文字层，如图 5-29 所示。

图 5-29　添加文字层

步骤 3 选择文字层，执行【Effect】菜单中的【Paint】→【Vector Paint】矢量画笔命令，添加特效后在【Comp】面板的左侧出现一个工具箱，工具箱中的工具有箭头、画笔、橡皮擦、吸管等，如图 5-30 所示。

步骤 4 选择绘画工具中的"画笔"工具，将鼠标移动到画面中，这时鼠标形状变为一个小圆，这个小圆即是画笔的笔触。下面需要调整笔触的大小和颜色，大小以盖过笔画的粗细为准，颜色需调整为与文字颜色不同的颜色。在【Effect Controls】特效控制面板中进行参数的设置，【Radius】设置为 30，【Color】调整为红色，如图 5-31 所示。

图 5-30　【Vector Paint】工具箱

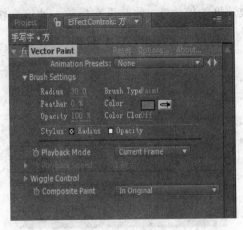

图 5-31　参数设置

步骤 5 单击绘制工具上方的三角形按钮，在弹出的下拉菜单中选择【Shift-Paint Records】→【Continuously】命令，设置连续性记录笔触，如图 5-32 所示。

图 5-32　【Continuously】命令

提示：选择【Shift-Paint Records】→【Continuously】命令后，可以在绘制笔画的过程中按住【Shift】键，系统将进行连续性记录。

步骤 6 将时间线指针定位在 0 秒，按住键盘上的【Shift】键，然后在【Comp】面板中为"方"字的第一笔进行蒙版绘制，绘制过程中一定注意笔触大小要完全盖住文字的笔画，如图 5-33 所示。

步骤 7 完成绘制后，播放时间线，并没有发现有笔画逐渐画出来，这还需要设置一些参数。在【Effects Controls】面板中，将【Vector Paint】特效的属性中的【Playback Mode】回放模式中的参数选择为【Animate Strokes】动画笔触，如图 5-34 所示。这时，拖动时间线指针，会显示笔画的绘制过程。但是播放速度比较缓慢，在【Vector Paint】属性中，调整【Playback Speed】回放速度的值为 3，此时再次播放，速度变快。

图 5-33　第一笔绘制效果

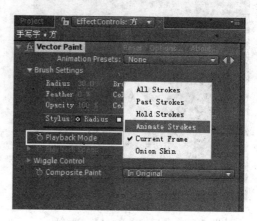

图 5-34　参数绘制

步骤 8 将时间线指针定位在笔触刚好将第一笔盖住的位置，继续按住【Shift】键，在【Comp】面板中绘制第二笔，如图 5-35 所示。

步骤 9 按照同样的方法将方字绘制完成，如图 5-36 所示。

图 5-35　第二笔绘制

图 5-36　绘制效果

整个文字的笔画绘制完成了，播放时间线，发现显示的是刚刚绘制的笔画的颜色，并且笔画边缘很不均匀，效果很不好，怎样显示出文字原有的笔画颜色呢，下面继续在【Vector Paint】面板中进行调整。

步骤 10 在【Vector Paint】特效面板中，将参数【Composite Paint】中的命令调整为【As Matte】，如图 5-37 所示。

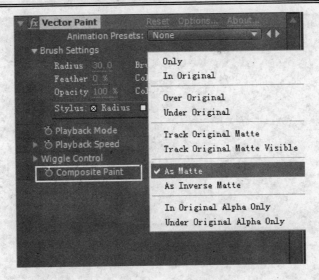

图 5-37　参数设置

步骤 11　再次预览，发现所要制作的手写字效果已经完成了，红色蒙版不再存在了，如图 5-38 所示。

图 5-38　手写字效果

思维拓展提示： 制作完成后，观察效果，发现在两笔画相交的地方，会有笔画的溢出，影响了整体效果。因此，上面实例的方法比较适合于笔画之间没有太多相交的文字，那么对于笔画相交比较多的文字，怎样来实现手写字效果呢？

将文字输入后，利用钢笔工具勾出文字的轮廓，每一个连笔是一个封闭的【Mask】，文字的笔画有多少笔，就绘制多少个【Mask】，这里使用的文字"匆"有五笔，按【Ctrl+D】组合键，复制图层，从下向上依次保留第一笔到最后一笔的【Mask】。分别为每个图层添加【Vector Paint】特效，设置参数，并利用上面讲过的方法进行记录，调整各图层，如图 5-39 所示。

图 5-39　制作参考方法

5.3　粒子特效应用

粒子效果可以模拟现实世界中物体间的相互作用，如爆炸、烟雾、雨、雪等效果。

5.3.1　地球爆炸效果实例制作

1．观看案例及技术分析

通过观看素材影片了解本案例的大致内容，如图 5-40 所示。

利用【Shatter】爆破效果可以逼真地模拟物体的爆破过程。它可以控制物体的爆破次序、碎片形状、碎片材质、场景灯光、摄像机位置等属性。

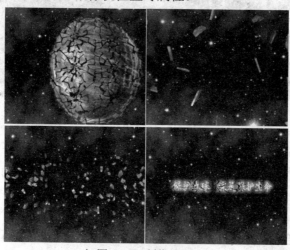

图 5-40　制作效果

2．实例制作流程

（1）建立合成。

（2）添加爆破特效，并调整参数。

（3）整体上色。

（4）设置云彩的流动，实现云彩的动态效果。

（5）添加风景图片，进行画面修饰。

（6）渲染输出。

3．操作步骤

步骤 1　启动 After Effects，新建【Project】，在【Project】面板中的空白处右击，选择【New Composition】，命名为"地球爆炸"。

步骤 2　将【bg.wmv】文件和【earth.avi】文件导入项目窗口中，并拖到【Timeline】上，使【Earth】层位于上层，调整位置，如图 5-41 所示。

步骤 3　下面将制作地球在旋转的过程中发生爆炸的效果。选中【Earth】图层，执行【Effects】菜单中的【Simulation】→【Shatter】爆破特效命令，为地球添加爆破效果，如图 5-42 所示。在打开的【Effects Controls】窗口中，对【Shatter】特效参数属性进行设置。

图 5-41　添加背景

图 5-42　添加【Shatter】特效

步骤 4　在【Effects Controls】窗口中，将【View】调整为【Rendered】；在【Shape】碎片形状的样式【Pattern】项中选择【Glass】玻璃碎片形状；将时间线指针定位在 00:00:02:00 的位置，打开【Force1】下的【Depth】参数的关键帧开关，将参数调整为 10.0，目的是让地球在此位置不发生爆炸；将时间线指针移到 00:00:02:10 的位置设置【Depth】参数值为 0.10，这样地球就有了爆破效果了。如果感觉碎片的大小需要调整，则可以将【Shape】中的【Repetitions】的值调大，这样碎片就会变小，如图 5-43 所示。

步骤 5　为了让碎片有在空中漂浮的感觉，将【Physice】中的【Gravity】重力调整为 0，效果如图 5-44 所示。

步骤 6　下面制作文字汇聚的效果，实际上是爆破效果的逆过程。新建合成【Comp1】，输入文字，执行【Effects】菜单下的【Stylize】→【Glow】特效命令，为文字添加【Glow】辉光特效。调整【Color】颜色为蓝色和黄色，【Glow Colors】为【A&B Colors】，效果如图 5-45 所示。

步骤 7　新建【Comp2】，将【Comp1】拖入新的合成中，为图层【Comp1】添加【Shatter】特效，参数设置相同，效果如图 5-46 所示。

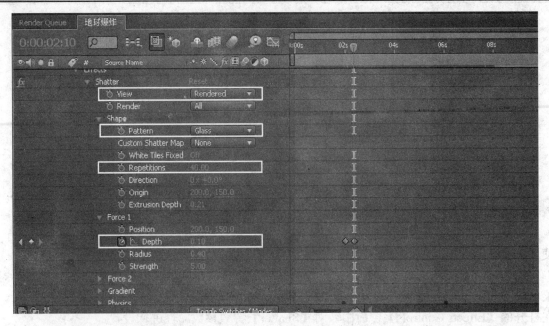

图 5-43　参数设置

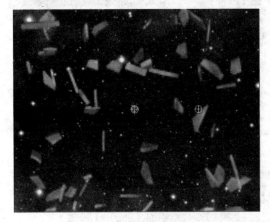

图 5-44　爆炸效果

图 5-45　文字 Glow 效果

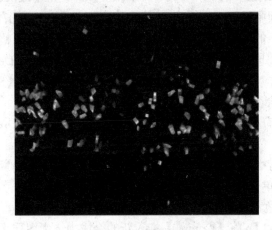

图 5-46　文字爆炸效果

　　步骤8 将【Comp2】合成拖入地球爆炸合成中，放在最上层，为图层添加时间的重映像效果，使爆炸的效果变为粒子汇聚的效果。选择该图层，执行【Layers】菜单中的【Time-Enable Time Remapping】时间重映像命令。这时，在【Timeline】窗口中展开【Comp2】图层的属性，可以看到【Time Remap】默认情况下已经打开了关键帧设置，并自动创建了起始和结束的两个关键帧。将开始的关键帧对应的时间改为 00:00:04:05，将时间线指针移动到 00:00:03:17 位置，将【Remap】关键帧的时间调整为 0，播放效果，就会发现爆破效果逆向播放了。

　　提示：【Time Remapping】时间重映像功能可以实现对影片播放速度、播放顺序的改变，如影片中经常遇到的高潮的慢镜头或快镜头处理，就可以通过调整【Time Remap】来实现。影片中出现的画面的倒序也是通过这个方法来实现的。

　　步骤9 调整各图层的位置，如图 5-47 所示。

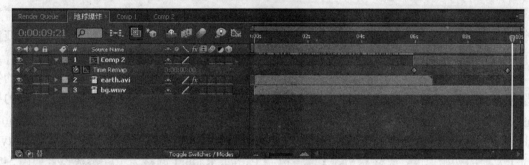

图 5-47　　【Time Remap】设置

　　步骤10 保存文件，渲染输出。

5.3.2　数字流特效实例制作

1．观看案例及技术分析

通过观看素材影片了解本案例的大致内容，如图 5-48 所示。

利用【Particle Playground】粒子发生器的参数变化来制作数字流的形态，并利用关键帧的设置制作出动态的变化。

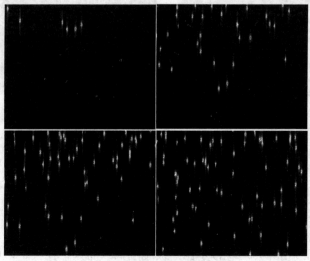

图 5-48　　制作效果

2．实例制作流程

（1）建立合成，添加【Solid】固态层。

（2）添加【Particle Playground】特效。

（3）设置参数中的粒子替换，并设置其他参数。

（4）渲染输出。

3．操作步骤

步骤 1 启动 After Effects，新建【Project】，在【Project】面板中的空白处右击，选择【New Composition】，命名为"数字流"。参数设置如图 5-49 所示。

步骤 2 执行【Layer】菜单中的【New】→【New Solid】命令，建立一个【Solid】固态层，尺寸与合成相同，颜色任意，命名为"粒子"。

步骤 3 选中固态层，执行【Effect】菜单下的【Simulation】→【Particle Playground】特效命令，为该层添加粒子发生器效果。这时拖动时间线指针会发现在【Comp】窗口中发出红色粒子，这便是粒子发生器的效果。

步骤 4 下面对粒子发生器的各项参数进行设置。首先在【Cannon】中将【Position】的参数设置为（360，-300），这主要是让粒子发生器的发射点位于画面上方，增加粒子下落的真实感；调整【Particles Per Second】的值为 80，以达到每秒增加粒子数量的目的；调整【Barrel Radius】粒子发射半径的值为 400；调整【Direction】方向为 180°，即向下发射；【Velocity】为粒子发射的初始速度；调整【Color】为黄色；【Particle Radiu】调整为 10；参数设置如图 5-50 所示。

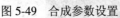
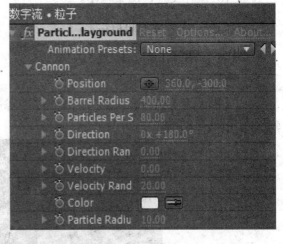

图 5-49　合成参数设置　　　　　　　　　　图 5-50　参数设置

步骤 5 将粒子替换为数字。选择【Effect Controls】特效控制中【Particle Playground】的【Options】选项，如图 5-51 所示。

步骤 6 在弹出的对话框中再单击【Edit Cannon Text】按钮，如图 5-52 所示。

步骤 7 在弹出的【Edit Cannon Text】对话框中，输入随意的数字，选择【Random】随机排列方式，如图 5-53 所示。

步骤 8 拖动时间线指针会发现粒子已经被刚刚输入的数字代替了，如图 5-54 所示。

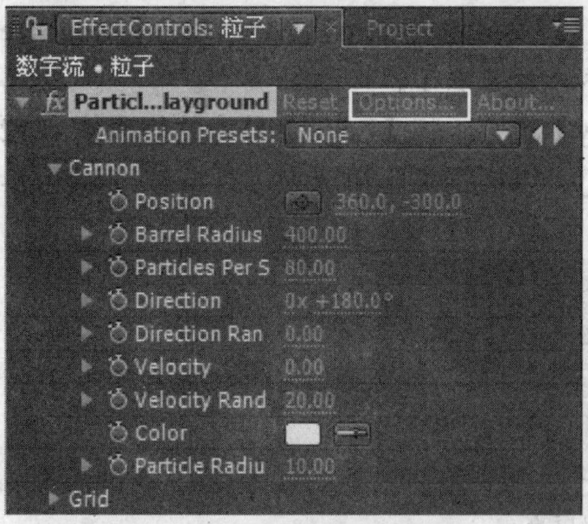

图 5-51　【Options】设置

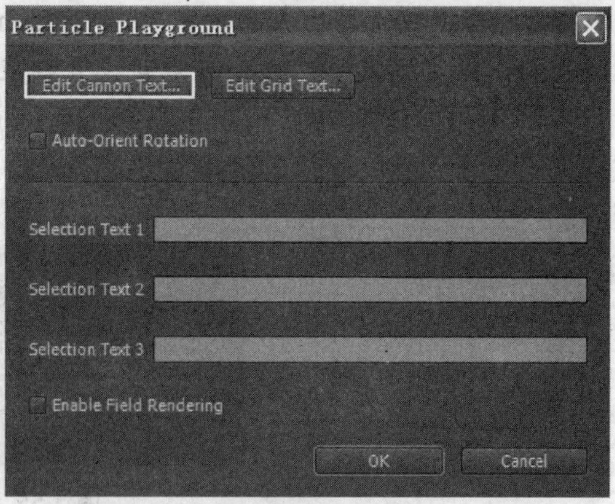

图 5-52　【Edit Cannon Text】按钮

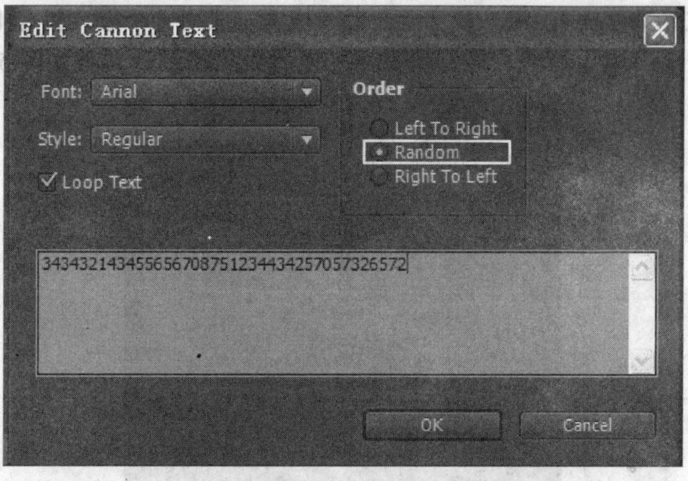

图 5-53　【Edit Cannon Text】参数

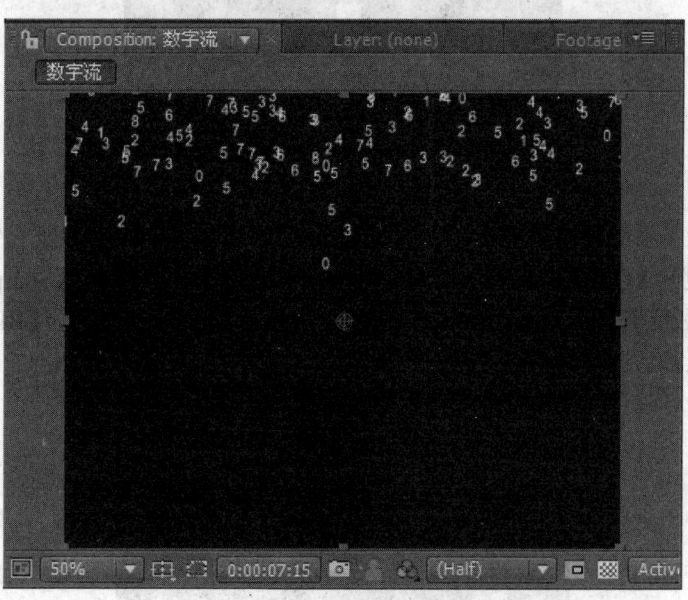

图 5-54　数字替换粒子效果

提示：当将粒子替换成为数字后，【Cannon】中的【Particle Radiu】将会调整为【Font Size】，这时我们根据实际文字的大小再重新设置相应的参数就可以了。

步骤 9　下面调整粒子下落的速度，在【Gravity】重力中将【Force】外力的值调整为 120，这样就可以看到数字下落的速度发生了变化，我们可以根据实际情况来进行调整，如图 5-55 所示。

图 5-55　参数设置

步骤 10　数字流的效果制作基本实现了，下面为了增加效果，要为数字增加发光特效。再新建一个合成"发光数字流"，将"数字流"合成拖入，成为一个层，执行【Effect】特效菜单中的【Stylize】→【Glow】辉光命令，为其添加发光效果。具体参数如图 5-56 所示。

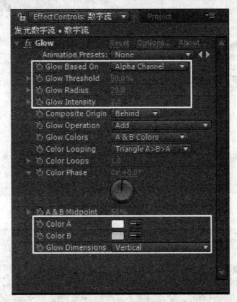

图 5-56　参数设置

步骤 11　为图层添加动感模糊的效果。选中该图层，按【Ctrl+D】组合键复制当前层，在特效控制面板中删除【Glow】特效，执行【Effect】特效菜单中的【Blur&Sharper】→【Fast Blur】动感模糊命令，设置【Blur Dimensions】模糊方向为【Vertical】垂直，【Bluriness】模糊值为100，如图 5-57 所示。

图 5-57　参数设置

步骤 12 如果效果不明显，还可以再复制两个图层，这样整个数字流的效果就制作完成了。

思维拓展提示：本实例使用数字代替粒子的方式，通过对粒子发生器参数中力、半径等的参数的设置来实现数字流的动态效果。那么如果用图片来代替粒子该如何实现呢？比如，花瓣的飘落、树叶的飘落等，这里只需要将参数中【Layer Map】层映射中的层调整为花瓣层或者是树叶层即可。不妨试试看吧。

5.3.3　流星雨效果实例制作

1．观看案例及技术分析

通过观看素材影片了解本案例的大致内容，如图 5-58 所示。

利用【Particle Playground】（粒子发生器）的参数变化来制作流星的形态，并利用【Echo】回声特效制作出流星拖尾效果。

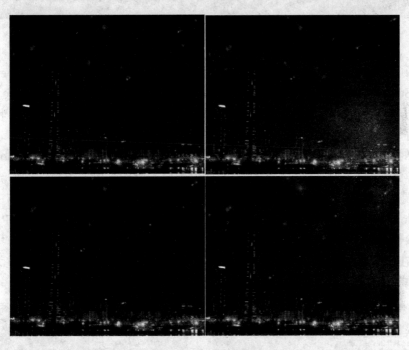

图 5-58　制作效果

2．实例制作流程

（1）建立合成，导入素材，设置星星的闪烁。

（2）添加【Solid】固态层。

（3）添加【Particle Playground】特效。

（4）设置参数中的粒子替换，并设置其他参数。

（5）添加回声特效制作流星拖尾效果。

（6）添加高斯模糊，增加流星的真实感。

（7）渲染输出。

3．操作步骤

步骤 1 启动 After Effects，新建【Project】，在【Project】面板中的空白处右击，选择【New Composition】，命名为"流星雨"。

步骤 2 导入【ye.psd】文件，在【Project】项目窗口中，自动创建了一个名为"ye"的合成文件，双击该文件，在时间线上为位于最上层的星星添加【Opacity】关键帧，制作星星的闪烁效果，如图 5-59 所示。

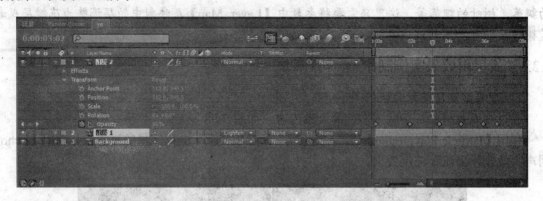

图 5-59 【Opacity】关键帧

步骤 3 回到"流星雨"合成，将"ye"合成拖入作为背景层，执行【Layer】菜单中的【New】→【Solid】命令，建立一个【Solid】固态层，尺寸与合成相同，颜色任意，命名为"流星"。选中该层，选择【Effect】菜单下的【Simulation】→【Particle Playground】特效命令，为该层添加粒子发生器效果。

步骤 4 对粒子发生器的各项参数进行设置。首先在【Cannon】中将【Position】的参数设置为（760，-20），这主要是让粒子发生器的发射点位于画面外的右上角，制作流星从天际划过的效果；调整【Particles Per Second】的值为 1；调整【Direction】方向为-126°，即向左下角发射；【Velocity】为粒子发射的初始速度，设置为 100；调整【Color】为白色；【Particle Radiu】调整为 3；参数设置如图 5-60 所示。

步骤 5 在【Gracity】重力中将【Force】调整为 90，【Direction】方向调整为 244°，如图 5-61 所示。

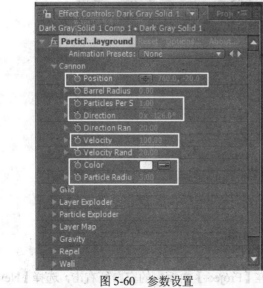

图 5-60 参数设置

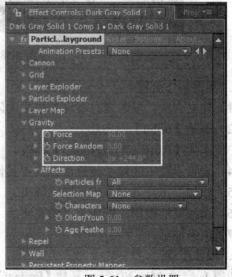

图 5-61 参数设置

步骤 6 下面开始制作流星拖尾的效果。选中【Solid】固态层 "流星"，执行【Layer】菜单中的【Pre-compose】命令，在弹出的对话框中选择【Move all attributes into the new composition】项，把选择图层的所有属性和特效都转移到新的合成中，如图 5-62 所示。

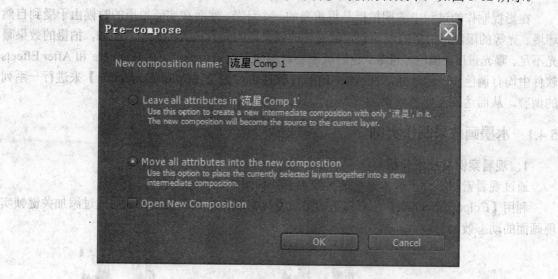

图 5-62 【Pre-compose】面板

步骤 7 回到"流星雨"合成，刚才的固态层已经变成了一个合成，选中该合成，执行【Effect】特效菜单中的【Time】→【Echo】（回声）命令，设置【Echo Time】回声时间为−0.033，如果回声时间的值为正，回声图像则出现在源图像之前，否则在源图像之后；设置【Number of Echoes】回声的数目为 5；【Starting Intensity】回声的初始强度为 1；【Decay】拖延时间为 0.5，如图 5-63 所示。

步骤 8 选择【Effect】特效菜单中的【Blur&Sharper】→【Gaussian Blur】高斯模糊命令，设置【Blurriness】模糊的值为 4，播放效果，如图 5-64 所示。

步骤 9 保存，渲染输出。

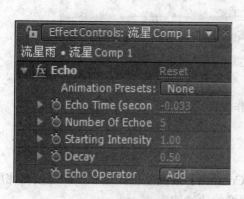

图 5-63 参数设置

图 5-64 设置效果

思维拓展提示：【Echo】回声特效还能够制作出很多效果玄妙的画面，如人物快速奔跑时的幻影，物体的幻影等效果。粒子特效在实际应用过程中很广泛，大量应用在片头广告中，大家不妨试试看，还能做出哪些有趣的效果。

5.4　调色特效应用

在影视制作的过程中前期拍摄是很重要的一个环节,然而在实际拍摄的时候由于受到自然环境、光等的限制,拍摄的画面和实际需要的效果之间会有很大的偏差。比如,拍摄的效果曝光不足、曝光过度、偏色等现象。这时就需要对画面进行调色处理,在 Premiere 和 After Effects 软件中均有调色和校色功能,在 After Effects 软件中,通过【Color Correction】来进行一系列的调整,从而达到需要的效果。

5.4.1　水墨画效果制作实例

1．观看案例及技术分析

通过观看素材影片了解本案例的大致内容,如图 5-65 所示。

利用【Color Correction】色彩校正的参数变化来制作水墨画效果,然后通过添加关键帧实现画面的动态效果。

图 5-65　制作效果

2．实例制作流程

（1）建立合成,导入素材。

（2）添加【Hue/Saturation】和【Brightness&Contrast】来调整色相饱和度和亮度对比度。

（3）通过添加【Find Edges】特效来查找出图像的边缘线。

（4）添加【Blur】特效并调节对比度、色阶等完成水墨画的制作。

（5）添加关键帧实现图像的动态效果。

（6）渲染输出。

3. 操作步骤

步骤 1　启动 After Effects，新建【Project】，在【Project】面板中的空白处右击，选择【New Composition】，命名为"水墨画"。

步骤 2　导入【sucai.jpg】文件，并将其拖放到时间线上，调整该图层的大小和位置，如图 5-66 所示。

图 5-66　图层位置

步骤 3　单击【Effect】菜单中的【Color Correction】→【Hue/Saturation】色相/饱和度特效，调节相应的参数。勾选【Colorize】上色，将【Colorize Lightness】的值调整为 10，如图 5-67 所示。

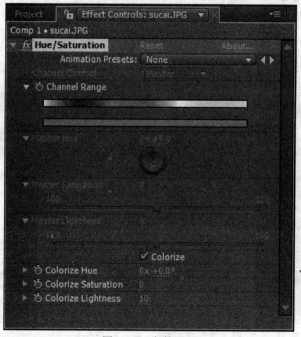

图 5-67　参数设置

步骤 4 执行【Effect】菜单中的【Color Correction】→【Brightness&Contrast】亮度和对比度特效命令，调节相应的参数。将【Brightness】调整为 20，【Contrast】调整为 46。调整后的效果如图 5-68 所示。

步骤 5 下面进行查找边缘。执行【Effect】菜单中的【Stylize】→【Find Edges】查找边缘特效命令，适当调整【Blend With Origina】的值为 10%，效果如图 5-69 所示。

　　图 5-68　调整【Brightness&Contrast】　　　　　　图 5-69　【Find Edges】效果

步骤 6 执行【Effect】菜单中的【Blur&Sharpen】→【Gaussian Blur】命令，添加高斯模糊特效，设置模糊值为 1。

步骤 7 下面调整画面的黑白对比度，这里使用色阶调整。执行【Effect】菜单中的【Color Correction】→【Levels】色阶命令，设置参数，如图 5-70 所示。调整后黑白对比会显得更分明。

步骤 8 执行【Effect】菜单中的【Color Correction】→【Brightness&Contrast】亮度和对比度特效命令，调节相应的参数。将【Brightness】调整为 18，【Contrast】调整为 12。效果如图 5-71 所示。

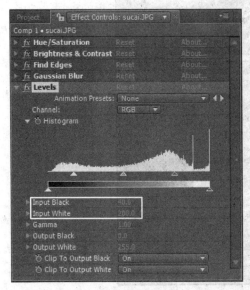 

　　　　图 5-70　参数设置　　　　　　　　　　　　图 5-71　设置效果

步骤 9 继续修饰效果。执行【Effect】菜单中的【Blur&Sharpen】→【Compound Blur】混合模糊命令，设置模糊值为 1。

步骤 10 最后为水墨画上色。单击【Effect】菜单中的【Color Correction】→【Tint】染色命令，将【Map Black To】对应的颜色进行调整，为灰蓝色即可，效果如图 5-72 所示。

图 5-72 【Tint】添加效果

步骤 11 按【P】键和【S】键打开【Position】和【Scale】参数，打开关键帧开关，设置动态效果。渲染输出。

思维拓展提示：本实例利用色彩校正的多项参数进行了调色的设置，并制作出了较好的水墨画效果。事实上利用色彩校正中的各项命令，结合查找边缘、模糊效果等，可以对各种偏色的图片或视频进行调整，从而制作出清新秀美的画面效果，如手绘画效果、淡彩画效果等，如图 5-73 所示。

图 5-73 制作参考效果

5.4.2　单色保留效果制作实例

在电视剧和电影的艺术表现中，我们经常会看到在特定的场景中为了突出某个主题而将主题之外的画面处理成黑白效果。在 After Effects 中，我们通常利用【Leave Color】来制作这样的效果。

1．观看案例及技术分析

通过观看素材影片了解本案例的大致内容，如图 5-74 所示。

利用【Leave Color】保留颜色来调节画面效果，制作单色保留效果。

图 5-74　制作效果

2．实例制作流程

（1）建立合成，导入素材。

（2）通过添加【Leave Color】特效来设置要保留的颜色。

（3）渲染输出。

3．操作步骤

步骤 1 启动 After Effects，新建【Project】，在【Project】面板中的空白处右击，选择【New Composition】，命名为"单色保留"。

步骤 2 导入【sucai2.avi】文件，并将其拖放到时间线上，调整该图层的大小和位置，如图 5-75 所示。

步骤 3 执行【Effect】菜单中的【Color Correction】→【Leave Color】保留颜色命令，为"sucai2.avi"层添加特效。

图 5-75　素材初始效果

步骤 4　在【Effect Controls】面板中，将【Match Colors】下拉列表选择为【Using Hue】；选择【Color To Leave】项后面的吸管工具，在画面中老人的红色衣服上单击，选择保留的颜色；将【Amount To Decolor】的值调整为 100；适当调整【Tolerance】和【Edges Softness】的参数，在【Comp】窗口中观察效果。参数设置如图 5-76 所示。

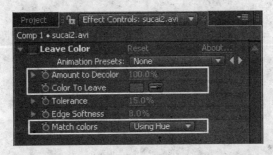

图 5-76　参数设置

步骤 5　观察效果如图 5-77 所示，渲染输出。

图 5-77　制作效果

5.5　文字特效应用

文字特效在影视制作的过程中是很重要的一部分，无论是在电视剧广告还是在影视片头包装中都起着不可或缺的作用，下面在本节中简单介绍几种特效文字的制作。

5.5.1　水波文字效果制作实例

1．观看案例及技术分析

通过观看素材影片了解本案例的大致内容，如图 5-78 所示。

利用【Wave World】世界波纹的参数变化来制作波纹效果，然后通过【Caustics】焦散来实现文字画面的动态效果。

图 5-78　制作效果

2．实例制作流程

（1）建立合成，输入文字。

（2）创建文字【Mask】。

（3）通过添加【Wave World】世界波纹的参数变化来制作波纹效果。

（4）添加【Austics】焦散特效并调节参数完成文字的动态效果制作。

（5）添加发光效果。

（6）渲染输出。

3．操作步骤

步骤 1　启动 After Effects，新建【Project】，在【Project】面板中的空白处右击，选择【New Composition】，命名为"水波文字 1"。

步骤 2　利用文字工具在【Comp】窗口中输入文字，如图 5-79 所示。

步骤 3　再创建一个新的【Composition】，命名为"水波文字 2"，将"水波文字 1"作为一个图层拖入到该图层中。

　　步骤 4　利用工具栏上的【Mask】工具为"水波文字 1"图层绘制蒙版，并设置相应的【Feather】
值，如图 5-80 所示。

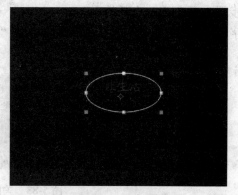

　　　　　　图 5-79　文字效果　　　　　　　　　　　　　　图 5-80　蒙版形状

　　步骤 5　为【Mask Feather】蒙版羽化和【Mask Expansion】蒙版扩展设置关键帧，如图 5-81
所示。制作文字显示的范围逐渐放大直到全部显示出来的动态效果。

图 5-81　关键帧设置

　　步骤 6　再创建一个新的【Composition】，命名为"水波文字 3"。在【Timeline】窗口中创
建一个【Solid】固态层，并执行【Effect】菜单中的【Simulation】→【Wave World】世界波纹
命令，为图层添加特效，此时，在【Comp】窗口中就能够看到如图 5-82 所示的画面了。拖动时
间线指针，就能看到有波纹产生了。

图 5-82　添加【Wave World】

步骤 7 下面对【Wave World】特效参数进行设置，将【View】调整为【Height Map】；为【Amplitude】添加关键帧，控制波纹的效果，在 0 秒时将【Amplitude】的值调整为 0.8，在 6 秒时将【Amplitude】的值调整为 0。

步骤 8 再创建一个新的【Composition】，命名为"水波文字效果"，将"水波文字 2"和"水波文字 3"都作为层拖入到新的合成中，使"水波文字 3"位于上层，并将当前层的显示开关关闭，如图 5-83 所示。

图 5-83 关闭图层显示开关

步骤 9 选中"水波文字 2"图层，执行【Effect】菜单中的【Simulation】→【Caustics】焦散为该层添加特效命令，将【Bottom】属性中的【Bottom】底部设置为【2.水波文字 2】；将【Water】属性中的【Water Surface】水表面设置为【1.水波文字 3】；参数设置如图 5-84 所示。

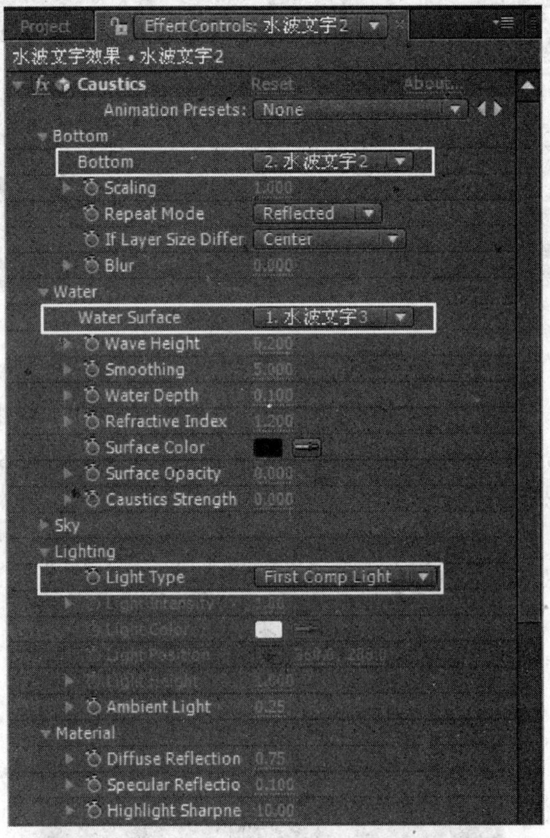

图 5-84 参数设置

步骤 10 水波文字已经创建完成，为了使效果更好，为文字添加辉光效果。执行【Effect】特效菜单中的【Stylize】→【Glow】辉光命令，为其添加发光效果，如图 5-85 所示。

图 5-85　【Glow】效果

5.5.2　烟飘文字效果制作实例

1．观看案例及技术分析

通过观看素材影片了解本案例的大致内容，如图 5-86 所示。

利用【Fravtal Noise】分形噪波、【Compound Blur】混合模糊，以及【Displacement Map】置换贴图特效来实现最终的烟飘效果的文字动画。

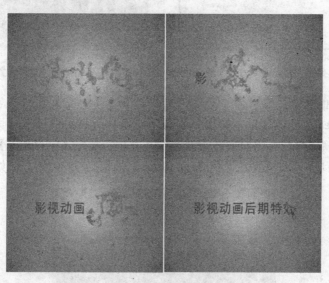

图 5-86　制作效果

2．实例制作流程

（1）建立合成，创建固态层。

（2）创建【Basic Text】文字特效。

（3）建立合成 2，创建【Solid】，利用【Fravtal Noise】分形噪波的参数变化来制作噪波效果，作为烟雾的置换图层。

（4）建立合成 3，复制合成 2 中的【Solid】，添加【Curves】曲线特效，使烟雾更加有层次。

（5）建立合成4，拖入其他合成，添加【Compound Blur】混合模糊特效及【Displacement Map】置换贴图特效，并调整参数。

（6）渲染输出。

3．操作步骤

步骤1　启动After Effects，新建【Project】，在【Project】面板中的空白处右击，选择【New Composition】，命名为"烟飘文字1"。

步骤2　在【Timeline】面板中新建【Solid】层，选中该图层，执行【Effect】特效菜单中的【Obsolete】→【Basic Text】基本文字命令，在自动打开的【Basic Text】对话框中调整好字体，输入文字，单击【OK】确认，如图5-87所示。

步骤3　在【Effect Controls】特效控制面板中，继续调整文字的大小、颜色。这里文字的颜色直接决定了最后效果中烟雾的颜色，如图5-88所示。

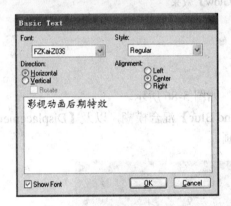

图5-87　【Basic Text】面板　　　　　　图5-88　参数设置

步骤4　建立新的合成，命名为"噪波动画1"，新建【Solid】固态层，为该层添加分形噪波特效，执行【Effect】特效菜单中的【Noise&Grain】→【Fractal Noise】分形噪波特效命令，调整【Evolution】演化参数。将时间线指针定位在0秒，按下【Evolution】前的关键帧开关，将时间线指针移动到6秒的位置，调整【Evolution】的值为3×＋0.0°，如图5-89所示。

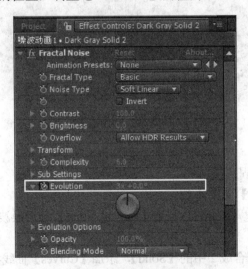

图5-89　关键帧设置

步骤 5　选中当前固态层，在工具栏中单击【Mask】工具绘制矩形【Mask】，并为【Mask】的【Mask Path】添加关键帧，在 0 秒时，绘制效果如图 5-90 所示；将时间线指针移动到 6 秒的位置，调整【Mask】的形状如图 5-91 所示。也就是制作噪波从全部显示到逐渐全部消失的效果。

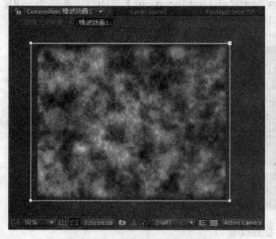

图 5-90　【Mask】初始位置

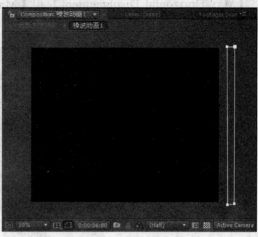

图 5-91　调整【Mask】形状

步骤 6　再建立新的合成，命名为"噪波动画 2"，将"噪波动画 1"中的【Solid】层复制到"噪波动画 2"合成中，选中图层，添加【Curves】曲线特效，曲线的调节如图 5-92 所示。

步骤 7　再建立新的合成，命名为"烟飘文字 1"，将上面创建的合成全部作为层拖入到其中，图层的排列顺序如图 5-93 所示。关闭图层 2 和 3 的显示开关。

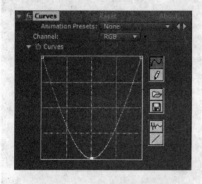

图 5-92　【Curves】设置

图 5-93　图层显示开关

步骤 8　为层 1 添加特效，执行【Effect】特效菜单中的【Blur & Sharpen】→【Compound Blur】混合模糊特效命令，将【Blur Layer】调整为【3.噪波动画 2】，如图 5-94 所示。

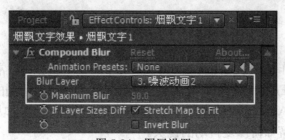

图 5-94　图层设置

步骤 9 播放时间线指针观看效果，发现文字的显示方式是由模糊逐渐从左向右变得清楚，但是还没有出现烟飘的效果。下面继续为该层添加特效，执行【Effect】特效菜单中的【Distort】→【Displacement Map】置换贴图特效命令，将【Displacement Map Layer】调整为【2.噪波动画 1】；并将【Max Horizontal Displacement】和【Max Vertical Displacement】的值均调整为 200，如图 5-95 所示。

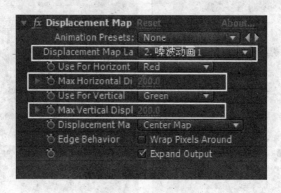

图 5-95　参数设置

步骤 10 设置完成后按空格键观看效果，如图 5-96 所示。为了增加效果的观赏性，在画面中增添一个背景，来美化画面。在时间线窗口中创建【Solid】固态层，使之位于最下层，选中图层，添加渐变特效，执行【Effect】特效菜单中的【Generate】→【Ramp】渐变特效命令，调整渐变变化的颜色，并改变渐变方式为径向渐变，完成的效果如图 5-97 所示。

图 5-96　设置效果

图 5-97　制作效果

5.6　稳定功能应用

稳定技术在后期制作过程中应用得相当广泛，由于在 DV 拍摄中，常遇到拍摄的镜头出现抖动和不稳定的现象，在后期编辑中又发现某些镜头是我们必须要用到的，而重拍则面临种种困难，这时就需要用到 After Effects 中的【Stabilize Motion】稳定运动功能来解决这一难题。

下面通过实例来讲解如何修复抖动的镜头。

5.6.1　稳定效果制作实例

1．观看案例及技术分析

通过观看素材影片了解本案例的大致内容，如图 5-98 所示。

利用【Stabilize Motion】功能来实现画面的稳定效果。

2．实例制作流程

（1）建立合成。

（2）添加【Stabilize Motion】功能。

（3）分析运算，调整参数。

（4）渲染输出。

图 5-98　制作效果

3．操作步骤

步骤 1 启动 After Effects，新建【Project】，导入要稳定的素材【sucai_1.avi】文件，并将其拖放到【Project】窗口下方的合成图标上，系统会自动创建一个与素材名称、大小相同的合成。

提示：创建合成的方法很多，这里采用上述方法的目的是不改变原有素材的任何属性。在实际制作过程中要根据实际需要进行制作。

步骤 2 选中图层，执行【Animation】菜单下的【Stabilize Motion】命令，系统会同时打开稳定设置对话框和稳定预览的层窗口。在层窗口中，将【Trace Point1】定位到画面中相对稳定的位置，这里我们选择了门上的把手部分作为特征点，如图 5-99 所示。在稳定设置对话框中，保持所有参数不变，单击【Analyze】中的▐按钮，系统开始分析运算，如图 5-100 所示。

图 5-99　Trace Point1 位置

图 5-100　【Tracker】面板

步骤 3 跟踪完成后，单击【Apply】按钮执行应用。这时在【Timeline】时间线窗口中可以看到增加了很多关键帧，如图 5-101 所示。

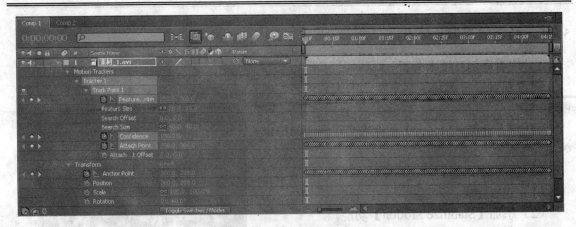

图 5-101 应用后的效果

步骤 4 大家会发现在合成窗口中，画面的边缘部分出现了问题，由于画面位置的变化而露出了背底，如图 5-102 所示。

图 5-102 画面边缘效果

步骤 5 下面对画面的大小进行适当的调整，减少背景色的显示，直到背景色全部被遮盖。
步骤 6 再创建一个【Comp2】，将刚才的合成拖放到新的合成中，预览效果。
步骤 7 渲染输出。

5.7 本 章 小 结

本章通过大量实例学习了 After Effects 的内置特效功能的综合应用。实际上在 After Effects 中还有很多特效可供使用，这就要大家自己动手来尝试操作各种特效，肯定能得到很大收获。通过本章的学习，我们要求掌握如何应用所讲解的特效进行相关实例的制作，并且还要能对这些实例进行综合应用，以制作出令自己满意的效果。

课后思考题

一、简答及思考题

1.【Fractal Noise】分形噪波特效应用中，主要是通过调整它的哪个属性来完成噪波波形的变化的？利用此特效可以制作出哪些效果？

2. 矢量画笔工具如何使用，利用此功能可以制作出哪些效果？

二、操作题

1. 创意设计光效背景，制作"新闻"类片头，时长 15 秒。

2. 对自己拍摄的视频进行稳定操作。

第 6 章 AE 特效合成高级应用

主要内容

1．粒子特效实例制作
2．气象特效实例制作
3．光效实例制作
4．其他特效实例制作

知识目标

1．外挂插件的参数设置及预置特效的使用
2．多种图层的添加和使用方式

能力目标

1．多种特效插件的综合运用能力
2．能够利用插件特效制作出一个精美的效果

学习任务

1．总结本章讲解的外置插件的主要功能和实现方法
2．掌握各种外置插件的安装方法
3．综合应用各种外置插件制作影视动画片头效果

在影视动画后期特效制作时，After Effects 的本身的特效往往满足不了制作的需求，这时就需要使用外置插件来实现。本章将介绍一些常用的外置插件的特效制作。

After Effects 将特效全部放在最初安装 After Effects 的文件夹下的 plug-ins 文件夹中，当需要使用外置插件时，只需将特效文件或程序放置或安装到 plug-ins 文件夹中就可以了。部分需安装的外置插件需要破解，在安装完成后再输入序列号。在启动 After Effects 后，选中【Timeline】时间线中要添加特效的图层，执行【Effect】菜单下的命令，在【Effect Controls】面板中单击【Options】，在出现的对话框中单击【Enter Key】按钮，在出现的对话框中输入相关信息，最后单击【Register】按钮即可。

目前，在影视制作行业内比较流行的外置插件很多，在本章中主要介绍粒子特效插件 FE Pixel Polly、Particular，三维粒子插件 Trapcode form，雨雪插件 FE snow、FE rain，发光插件 Shine，线性特效插件 Gakcharmer 和反射效果的插件 VC Reflect 等。

6.1 粒子特效插件应用

在影视动画特效中，粒子特效是一个非常重要的组成部分。通过对粒子特效插件进行有效的控制，你可以做出千变万化的视觉效果，它广泛地运用在各个影视动画特效中。在本节中我们将通过 3 个粒子特效应用的案例来展现粒子特效的强大功能。

6.1.1 粒子汇集文字制作实例

1．观看案例及技术分析

通过观看素材影片了解本案例的大致内容，如图 6-1 所示。

本例主要利用粒子特效插件 FE Pixel Polly 来完成主体的粒子汇集效果，并配合【Light Factory EZ】EZ 灯光工厂进行光斑的制作。其中最主要的是粒子参数的设置。

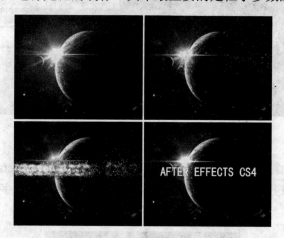

图 6-1　制作效果

2．实例制作流程

（1）创建一个合成，命名为"粒子 01"，并用文字工具输入文字"AFTER EFFECTS CS4"。

（2）添加【FE Pixel Polly】粒子特效，并调整参数，制作粒子发散动画效果。

（3）再创建一个合成，命名为"粒子 02"，制作粒子汇集动画效果。

（4）添加【Glow】和【Light Factory EZ】光斑特效，丰富视觉画面，实现最终效果。

3．操作步骤

步骤 1　在"粒子 01"合成里面制作粒子的发散动画效果。启动 After Effects，创建一个新的合成，命名为"粒子 01"，各参数设置如图 6-2 所示。

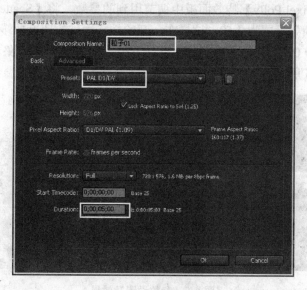

图 6-2　合成参数设置

步骤 2　在时间线面板的空白处右击，创建一个【Text】层。输入文字"AFTER EFFECTS CS4"，具体设置如图 6-3 所示。

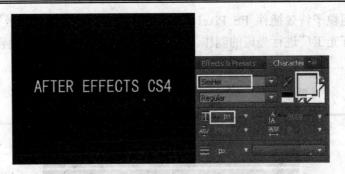

图 6-3　文字设置

步骤 3　为文字添加粒子特效，选择菜单【Effect】→【Final Effects】→【FE Pixel Polly】粒子特效命令，添加【FE Pixel Polly】后，移动时间线指针，发现文字产生了碎片的效果，具体效果如图 6-4 所示。

图 6-4　文字碎片效果

步骤 4　在【FE Pixel Polly】特效面板中调节用到的参数，将【Scatter Speed】离散速度在 0 秒处设为 0，第 9 帧处设置为 1.50，这样在一开始文字爆破的速度放慢，在第 9 帧后加速；【Gravity】重力设置为 0，那么整个粒子就不会往下掉，而是向四周发散；【Grid Spacing】粒子数设置为 1，如图 6-5 所示。

图 6-5　参数设置及效果

步骤 5　现在可以看到文字从中心点往外爆破的感觉，下面我们通过对粒子爆破的中心点进行关键帧设置，让整个粒子的爆破效果更有动感。在 0 秒处打开【Center Force】的码表，将中心点移到右侧，在 2 秒的时候，将中心点移到左侧，如图 6-6 所示。

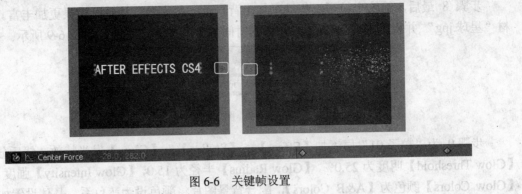

图 6-6　关键帧设置

步骤 6　制作粒子汇集的动画效果。创建一个新的合成，命名为"粒子 02"，各参数设置如图 6-7 所示。

图 6-7　合成参数设置

步骤 7　在【Project】窗口，将"粒子 01"拖放到"粒子 02"的时间线面板上。选中"粒子 01"右击，选择【Time】→【Time Stretch】时间延伸，将【Stretch Factor】设置为-100。再将时间线指针移到 0 秒的位置，按下【[】键，将素材对齐到原位，这样就实现了粒子汇集的动画效果，如图 6-8 所示。

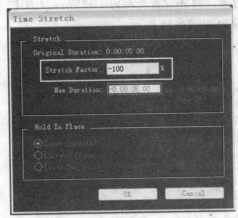

图 6-8　【Time Stretch】参数

步骤 8 最后，给这个粒子汇集动画加上背景及一些光效，让动画效果更加丰富。导入素材"星球.jpg"，并将其拖放到"粒子02"的时间轴上，放置在底层，如图 6-9 所示。

图 6-9　图层位置

步骤 9 为"粒子01"层添加【Effect】→【Stylize】→【Glow】发光特效，然后分别设置【Glow Threshold】明度为 25.0%，【Glow Radius】半径为 15.0，【Glow Intensity】强度为 3.0，【Glow Colors】颜色为【A&B Colors】，配合背景图片将颜色设为蓝色系，具体设置如图 6-10 所示。

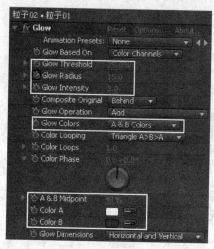

图 6-10　参数设置

步骤 10 设置好光效后，发现光效太炫让文字落版的时候不是很清晰，因此要给【GlowRadius】半径添加关键帧。在 4 秒 23 帧时为【Glow Radius】半径打上码表，在 5 秒时添加一个关键帧，数值为 2。

步骤 11 选中"星球.jpg"层，右击添加【Effect】→【Knoll Light Factory】Knoll 灯光工厂→【Light Factory EZ】特效。首先设置光源点的位置，单击【Light Source Locat】的 按钮，在合成窗口重设中心位，如图 6-11 所示。

图 6-11　光源点位置

步骤 12　设置【Flare Type】光斑类型为【Arc Welder】；【Scale】在 0 秒时为 1.80，在 4 秒时为 0.2；【Angle】在 0 秒时为 0，在 4 秒时为 60，如图 6-12 所示。

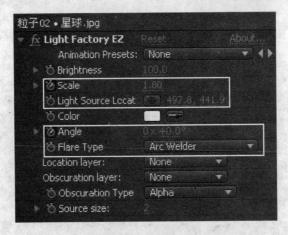

图 6-12　参数设置

步骤 13　渲染输出。

6.1.2　五彩粒子流制作实例

1．观看案例及技术分析

通过观看素材影片了解本案例的大致内容，如图 6-13 所示。

本例是利用粒子特效插件 Particular 来完成五彩粒子流效果的，其中最主要的是粒子参数的设置。

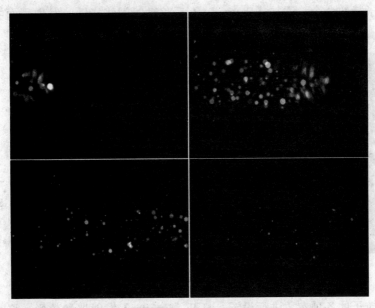

图 6-13　制作效果

2．实例制作流程

（1）创建一个合成，命名为 "Comp 1"，时间长度为 2 秒。

（2）新建一个【Solid】层，为其添加【Particular】粒子特效。

（3）设置粒子的各项参数，实现最终效果。

3．操作步骤

步骤 1 启动 After Effects，创建一个新的合成，命名为"Comp 1"，各参数设置如图 6-14 所示。

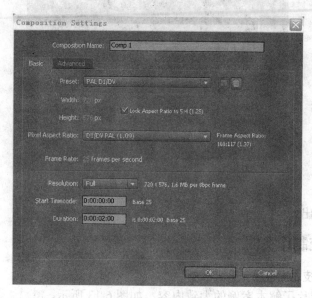

图 6-14 合成参数设置

步骤 2 新建一个【Solid】层，为其添加粒子特效，选择菜单【Effect】→【Trapcode】→【Particular】粒子特效命令，添加【Particular】后移动时间线指针，发现画面中出现了粒子发射的动画效果，具体效果如图 6-15 所示。

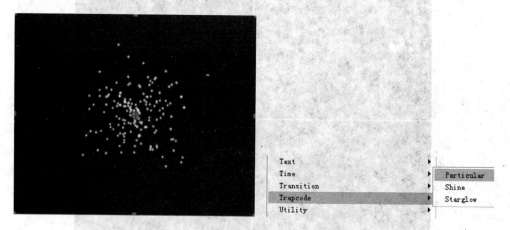

图 6-15 添加 Particular 粒子特效

步骤 3 对粒子的各项参数进行设置。打开【Emitter】发射器参数栏，将时间线指针移动到 0 秒的位置，再将发射中心点移动到左边的位置，并设置一个【Position XY】发射器坐标的关键帧，如图 6-16 所示。

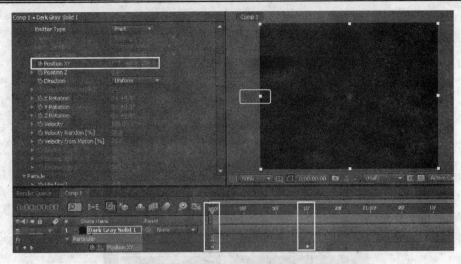

图 6-16　添加关键帧

步骤 4　将时间线指针移动到 15 帧时，再将发射中心点移动到右边的位置，坐标轴参数如图 6-17 所示。

图 6-17　关键帧参数

步骤 5　打开【Emitter】发射器参数栏，设置【Particles/sec】每秒发射粒子数为 600，【Velocity】发射速度为 150，【Velocity Random】为 90，【Velocity from Motion】为 10，具体参数如图 6-18 所示。

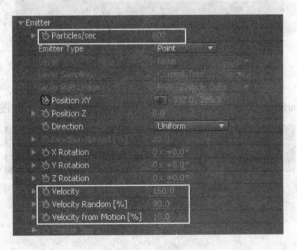

图 6-18　参数设置

步骤 6　打开【Particle】粒子参数栏，设置【Life】粒子的年龄为 1.0，【Life Random】年龄的变化为 50，【Sphere Feather】边缘羽化为 0，【Size】粒子大小为 8，【Size Random】大小的变化量为 100，在【Size over Life】大小的生命变化中选择第二种预置模式，并对粒子的色彩进行一个随机性的设置，具体参数如图 6-19 所示。

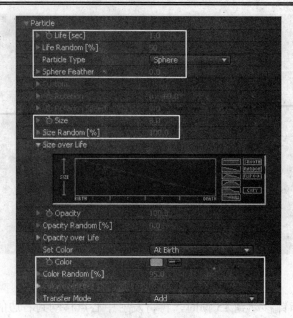

图 6-19　参数设置

步骤 7　打开【Physics】物理属性参数栏，【Physics Model】物理模式选择【Air】空气动力，并对空气的阻力和振幅等参数进行设置，具体参数如图 6-20 所示。

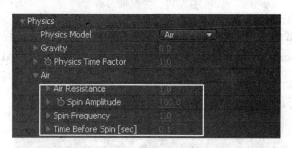

图 6-20　参数设置

步骤 8　为了增强画面的视觉效果，打开粒子的运动模糊效果，如图 6-21 所示。

图 6-21　参数设置

步骤 9　渲染输出。

6.1.3　Form 粒子文字制作实例

1．观看案例及技术分析

通过观看素材影片了解本案例的大致内容，效果如图 6-22 所示。

本例利用 Trapcode 公司的三维粒子插件 Form 特效进行粒子文字特效的制作，并配合【Glow】特效完善最终效果。

图 6-22　制作效果

2．实例制作流程

（1）创建一个新的合成，命名为"渐变层"，制作渐变的关键帧动画。

（2）创建一个新的合成，命名为"文字层"，制作文字的渐变动画效果。

（3）再次创建一个新的合成，命名为"总合成"，制作 Form 的粒子文字动画效果。

（4）添加【Glow】特效，完善画面效果。

3．操作步骤

步骤 1　启动 After Effects，创建一个新的合成，命名为"渐变层"，尺寸为"720×576 像素"，持续时间为"5 秒"。

步骤 2　在"渐变层"合成框中新建一个固态层，也命名为"渐变层"，尺寸为"1440×576 像素"，持续时间为"5 秒"，如图 6-23 所示。

图 6-23　合成参数设置

　　步骤 3 选中"渐变层"【Solid】，选择菜单【Effect】→【Generate】→【Ramp】渐变特效命令，将渐变的开始位置设在这个固态层最右边的中心位置，结束位置设在最左边的中心位置，具体参数与效果如图 6-24 所示。

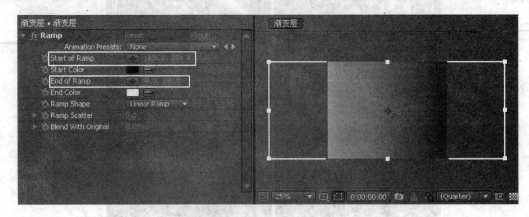

图 6-24　参数设置及效果

　　步骤 4 为"渐变层"添加位移关键帧动画，让渐变层从左边移动到右边。【Position】在 0 秒时坐标轴为（–724.0，284.0），在 5 秒时坐标轴为（716.0，288.0）。

　　步骤 5 再创建一个新合成，命名为"文字层"，尺寸为"720×200 像素"，持续时间为"5 秒"，如图 6-25 所示。

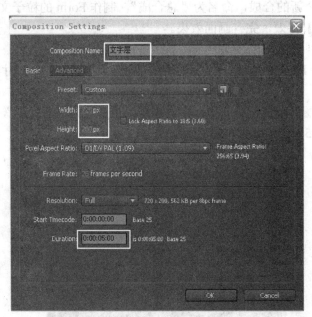

图 6-25　合成参数设置

　　步骤 6 在"文字层"合成框中新建一个固态层，命名为"渐变条"，尺寸为"1000×200 像素"，如图 6-26 所示。

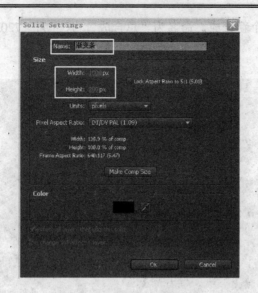

图 6-26　【Size】参数

步骤 7 执行菜单【Effect】→【Generate】→【Ramp】渐变特效命令，给"渐变条"添加渐变命令，具体参数与效果如图 6-27 所示。

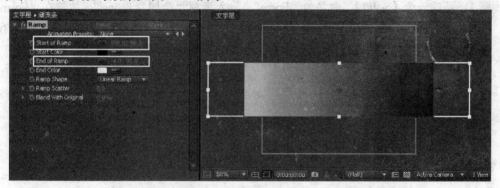

图 6-27　参数设置与效果

步骤 8 为"渐变条"添加位移关键帧动画，让渐变层从左边移动到右边。【Position】在 1 秒时坐标轴为（-496.0，100.0），在 5 秒时坐标轴为（555.4，100.0）。

步骤 9 导入素材"Form 金属字.psd"，放置在"文字层"中，将其蒙版模式选择为【Luma Inverted Matte "渐变条"】，具体设置如图 6-28 所示。

图 6-28　【Track Matte】设置

步骤 10　再次创建一个新合成，命名为"总合成"，尺寸为"720×576 像素"，持续时间为"5 秒"，如图 6-29 所示。

图 6-29　合成参数设置

步骤 11　新建一个【Solid】，命名为"Form"。导入素材"金属背景.jpg"，放置在"Form"层下方，并把"渐变层"和"文字层"都拖至时间线上，关闭其显示按钮，具体设置如图 6-30 所示。

图 6-30　图层关系

步骤 12　选中"Form"固态层，执行菜单【Effect】→【Trapcode】→【Form】特效命令，通过侧面的位置可以看到默认的 Form 特效呈现的是三片粒子网络的效果，下面就要对它们的 X、Y、Z 轴的大小数量进行重新设置，以达到我们想要的效果，如图 6-31 所示。

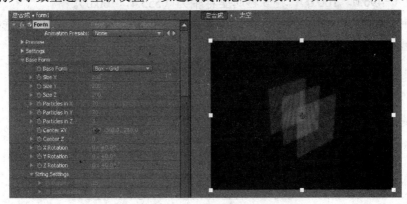

图 6-31　参数设置及效果

步骤 13　展开【Base Form】基本形态控制组，设置【Size X】X 轴尺寸为 790，【Size Y】Y 轴尺寸为 200，【Particles in X】X 轴粒子数为 790，【Particles in Y】Y 轴粒子数为 200，【Particles in Z】Z 轴粒子数为 1，具体参数设置与效果如图 6-32 所示。

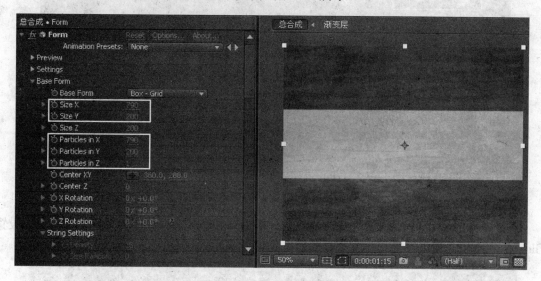

图 6-32　参数设置及效果

步骤 14　展开【Layer Maps】层贴图控制组，设置【Color and Alpha】颜色与通道项下的【Layer】图层为【4.文字层】，【Functionality】通道为【RGBA to RGBA】，【Map Over】贴图的覆盖面为【XY】，具体参数设置如图 6-33 所示。

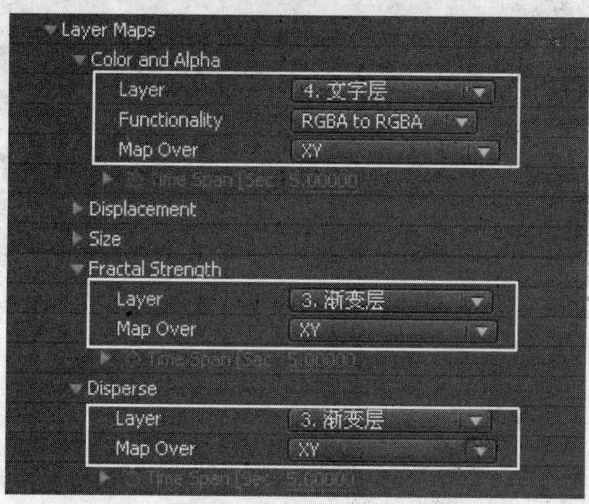

图 6-33　参数设置

步骤 15　展开【Disperse & Twist】分散和扭曲控制组，设置【Disperse】为 200，并展开【Fractal Field】分形场控制组，具体参数设置与效果如图 6-34 所示。

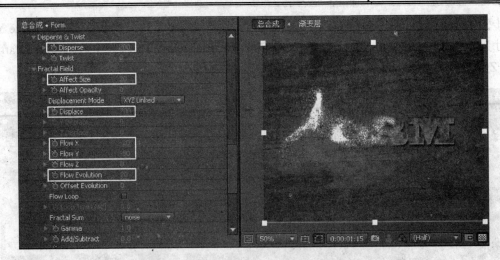

图 6-34　参数设置及效果

步骤 16　执行菜单【Effect】→【Stylize】→【Glow】特效命令，完善最终画面效果。设置【Glow Threshold】为 100%，具体参数设置与效果如图 6-35 所示。

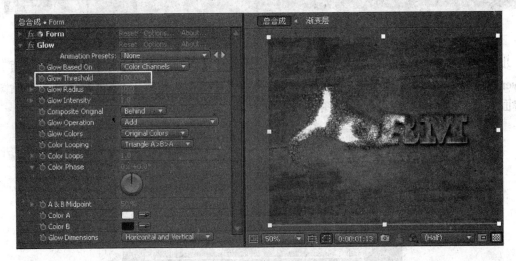

图 6-35　参数设置与效果

步骤 17　渲染输出。

6.2　气象特效应用

在影视作品制作中，气候变化是最不可控的因素之一。因此在后期制作过程中经常需要进行雨、雪、雷电等的特效添加。在本节中我们将利用 FE Rain（下雨）、FE Snow（下雪）、T_Lightning（闪电）等特效插件来学习气象特效的应用。

6.2.1　雷电交加制作实例

1.　观看案例及技术分析

通过观看素材影片了解本案例的大致内容，如图 6-36 所示。

　　本例将利用 FE Rain（下雨）和 T_Lightning（闪电）特效进行雷电交加效果的制作，其中最主要的是 T_Lightning 的参数设置。

图 6-36　制作效果

2．实例制作流程

（1）创建一个合成，命名为"Comp 1"，时间长度为 5 秒。

（2）导入"阴天.jpg"，放置在"Comp 1"的底层。

（3）创建一个调节层，命名为"雷"，添加【T_Lightning】闪电特效，进行参数设置。

（4）创建一个【Solid】层，命名为"Mask"，制作伴随闪电出现的白闪效果。

（5）创建一个调节层，命名为"雨"，为其添加【FE Rain】下雨特效，制作下雨效果，从而实现最终效果。

3．操作步骤

　　步骤 1　启动 After Effects，创建一个新的合成，命名为"Comp 1"，各参数设置如图 6-37 所示。

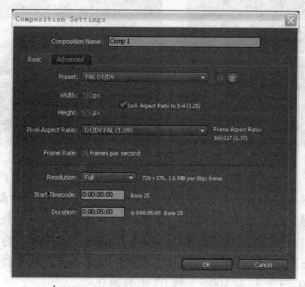

图 6-37　合成参数效果

步骤 2　导入素材"阴天.jpg",放置在"Comp 1"的底层。右击【Fit to comp】,让其适频显示。

步骤 3　制作闪电的动画效果。创建一个调节层,命名为"雷",右键添加【T Lightning】闪电特效,设置闪电的起始点位置,如图 6-38 所示。

图 6-38　闪电起点及终点

步骤 4　展开【T_Lightning】闪电特效的参数设置项,通过对最大宽度、锥度、分支数等参数的调节,设置闪电的基本外形,具体参数设置和效果如图 6-39 所示。

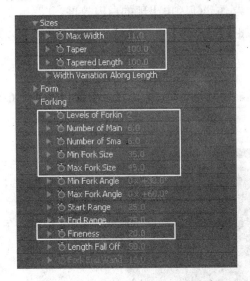

图 6-39　参数设置与效果

步骤 5　闪电的基本外形设置好了,下面开始设置闪电的关键帧动画。在平时生活中大家可以留意一下,闪电是稍纵即逝的,所以我们下面做的关键帧动画中每个关键点的间隔都很短,闪电效果的持续时间也是很短的。展开【Growth】控制组,选择演化的方式为【By Order】,设置【Percent Comple】完成的关键帧动画,实现闪电从无到有,从有到无的效果。在 20 帧时为 0.0,22 帧时为 100,1 秒时为 100,1 秒 02 帧时为 0。

步骤 6 展开【Size】控制组，设置【Max Width】最大宽度的关键帧动画，实现闪电由弱到强再到弱的变化效果。在 20 帧时为 0，22 帧时为 11，1 秒时为 13，1 秒 02 帧时为 0。

步骤 7 展开【Blending】控制组，设置【Blend】混合程度和【Effect Gain】特效的增益度的关键帧动画，配合闪电的出现，实现从暗到亮的效果。【Blend】混合程度在 20 帧时为 54.5，22 帧时为 34.8，1 秒时为 49.4，1 秒 02 帧时为 54.5。【Effect Gain】特效的增益度在 20 帧时为 57.5，22 帧时为 200，1 秒时为 200，1 秒 02 帧时为 100。具体参数设置如图 6-40 所示。

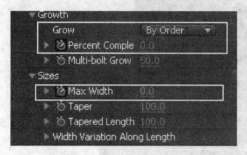
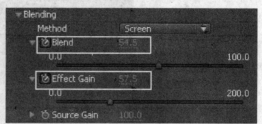

图 6-40　关键帧设置

步骤 8 制作伴随闪电出现的白闪效果。创建一个【Solid】层，颜色设定为深灰色，命名为"Mask"，如图 6-41 所示。

步骤 9 将"Mask"放在"雷"层的下方，根据画面的光线，利用工具栏里的钢笔工具为其绘制一个【Mask】，具体绘制路径如图 6-42 所示。

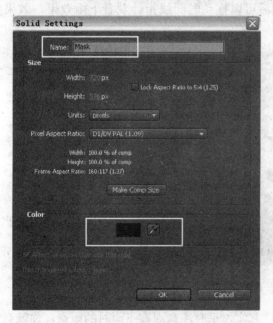

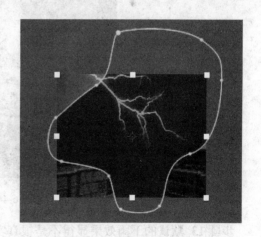

图 6-41　【Solid】参数　　　　　　　图 6-42　【Mask】形状

步骤 10 展开【Mask】的参数设置选项，将【Mask Feather】羽化设为 300，层混合模式设置为【Classic Color Dodge】，具体参数设置如图 6-43 所示。

图 6-43　参数设置与效果

步骤 11　下面通过设定【Mask Opacity】关键帧动画来制作配合闪电动画的白闪动画。在 20 帧时为 0，22 帧时为 100，1 秒时为 100，1 秒 02 帧时为 0。

步骤 12　制作下雨的动画效果。创建一个调节层，命名为"雨"，将其移至 1 秒 02 帧处，并为其添加【FE Rain】下雨特效，添加特效后可以拖动时间线指针观看下雨效果，效果如图 6-44 所示。

图 6-44　下雨效果

步骤 13　默认的下雨效果显得不是很真实。其实，平时注意观察下雨时的雨点，你就会发现由于视线及风向等的问题，雨点有大小之分，雨点的方向也有不同。下面我们就通过对现实下雨效果的模拟来设置大小两组不同的雨点效果，尽量让我们制作的下雨效果接近真实。为"雨"层添加【FE Rain】下雨特效，制作相对较远的小雨点效果。设置【Rain Amount】雨量为 300，【Rain Speed】雨速为 0.7，【Rain Angle】下雨角度为 6.0，【Drop Size】雨点大小为 0.8，【Opacity】为 8.0%。具体参数设置及效果如图 6-45 所示。

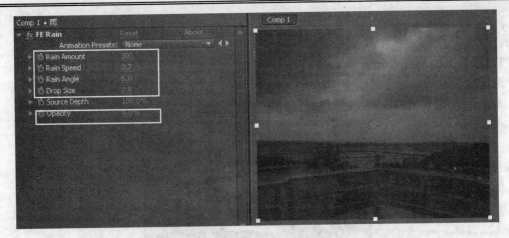

图 6-45　参数设置与效果

步骤 14　为"雨"层再次添加【FE Rain】下雨特效，制作相对较近的大雨点效果。设置【Rain Amount】雨量为 100，【Rain Speed】雨速为 0.3，【Rain Angle】下雨角度为 1.0，【Opacity】为 12.0%。具体参数设置及效果如图 6-46 所示。

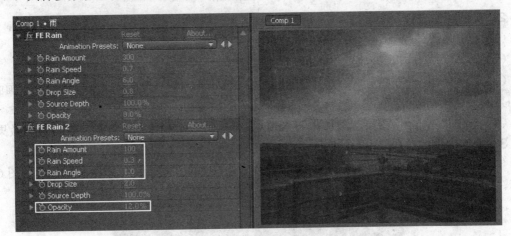

图 6-46　参数设置与效果

步骤 15　为了配合下雨后天光会相对暗一些的效果，我们新建一个深灰色的【Solid】层，起始位置与"雨"层保持一致。展开【Opacity】选项，设置参数为 30%，具体参数设置如图 6-47 所示。

图 6-47　参数设置

步骤 16　渲染输出。

6.2.2　下雪制作实例

1．观看案例及技术分析

通过观看素材影片了解本案例的大致内容，如图 6-48 所示。

本例是利用【FE Snow】下雪特效进行下雪效果的制作。

图 6-48　制作效果

2．实例制作流程

（1）创建一个合成，命名为"Comp 1"，时间长度为 5 秒。

（2）导入"雪.jpg"，拖放至"Comp 1"。

（3）选中"雪.jpg"图层，添加【Brightness & Contrast】亮度&对比度特效，制作画面从暗到亮的关键帧动画。

（4）选中"雪.jpg"图层，添加【FE Snow】下雪特效，制作下雪效果，实现最终效果。

3．操作步骤

步骤 1 启动 After Effects，创建一个新的合成，命名为"Comp 1"，各参数设置如图 6-49 所示。

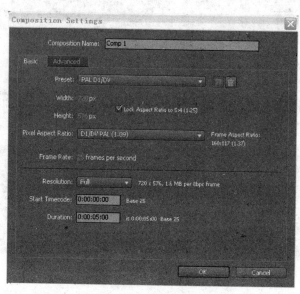

图 6-49　合成参数设置

步骤 2　导入"雪.jpg"，拖放至"Comp 1"，添加【Color Correction】→【Brightness & Contrast】亮度&对比度特效。

步骤 3　下雪的过程中会因为雪量的堆积，使眼前的景象变得越来越亮，为了让效果更加逼真，我们为雪景做一个由暗变亮的关键帧动画。【Brightness】亮度在 0 秒时为 0.0，在 5 秒时为 15.0。【Contrast】对比度在 0 秒时为 0.0，在 5 秒时为 5.0。具体设置如图 6-50 所示。

图 6-50　关键帧设置

步骤 4　与下雨的制作方式一样，为了让下雪效果更加接近真实，我们要制作大雪花和小雪花两个层级来分别模拟远处与近处的雪花效果。选中"雪.jpg"图层，添加【FE Snow】下雪特效，制作大雪花的效果，如图 6-51 所示。

图 6-51　【FE Snow】特效

步骤 5　由于透视的关系，离人们视线近的雪花显得大一些，运动轨迹看得更加清楚一些，因此我们设置【Snow Amount】雪量为 50，【Snow Speed】下雪速度为 0.5，【Amplitude】振幅为 5.0，【Frequency】频率为 2.0，【Flake Size】大小为 5.0，【Opacity】透明度为 85.0%。具体参数设置和效果如图 6-52 所示。

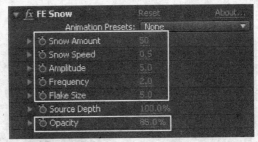

图 6-52　参数设置与效果

步骤 6　为"雪.jpg"图层再次添加【FE Snow】下雪特效，制作小雪花效果。离人们视线较远的雪花则显得小一些，运动轨迹模糊一些，因此我们设置【Snow Amount】雪量为 400，【Flake Size】大小为 3.0，【Opacity】透明度为 75.0%。具体参数设置和效果如图 6-53 所示。

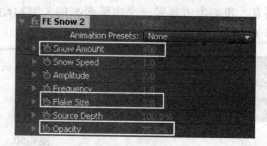

图 6-53　参数设置与效果

步骤 7　制作好下雪的效果后，为画面做一个【Mask】边缘遮罩，丰富画面效果。利用工具栏里的椭圆工具在画面中绘制一个【Mask】遮罩，并利用箭头工具对椭圆形进行调节，具体效果如图 6-54 所示。

图 6-54　【Mask】形状

步骤 8　展开【Mask】参数设置项，设置【Mask Feather】羽化值为 333，具体参数设置和效果如图 6-55 所示。

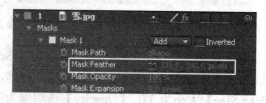

图 6-55　参数设置与效果

步骤 9　渲染输出。

6.3　光效的应用

光效是影视后期特效合成中必不可少的因素之一，它可以让朴实的画面变得光芒万丈、耀眼夺目。本节将利用【Shine】耀光特效、【Form】粒子特效、【3D Stroke】描边特效和【Particular】粒子特效，带着大家共同学习舞动的光条、迷幻光影和炫彩光效 3 个案例。

6.3.1　舞动的光条制作实例

1．观看案例及技术分析

通过观看素材影片了解本案例的大致内容，如图 6-56 所示。

本例是利用粒子插件 Particular 的预设动画和【Bezier Warp】贝塞尔曲线特效进行光条效果的制作，并配合【Shine】耀光特效来丰富画面的视觉效果。

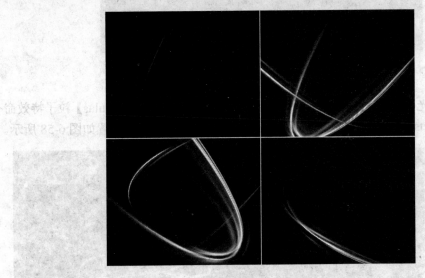

图 6-56　制作效果

2．实例制作流程

（1）创建一个合成，命名为"Comp 1"，时间长度为 5 秒。

（2）创建一个黑色【Solid】层，命名为"光条"，添加粒子特效【Particular】，选择预置特效【t_OrganicLines】。

（3）为"光条"层添加【Shine】耀光和【Fast Blur】快速模糊特效。

（4）为"光条"层添加【Bezier Warp】贝塞尔曲线特效，制作弯曲的光条效果。

（5）复制两个"光条"层，调节成不同方向的流动效果，实现最终效果。

3．操作步骤

步骤 1　启动 After Effects，创建一个新的合成，命名为"Comp 1"，各参数设置如图 6-57 所示。

步骤 2　创建一个黑色【Solid】层，命名为"光条"。

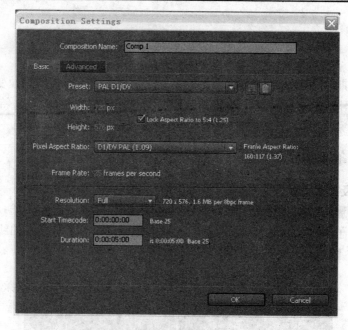

图 6-57　合成参数设置

步骤 3　选中"光条"层，执行菜单【Effect】→【Trapcode】→【Particular】粒子特效命令，在【Animation Presets】预置特效中选择【t_OrganicLines】特效，具体设置如图 6-58 所示。

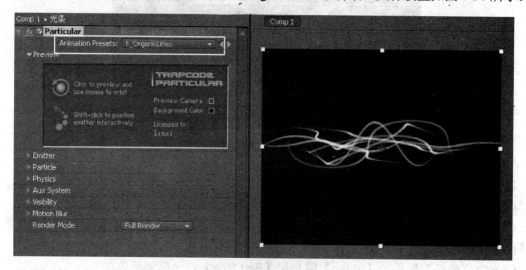

图 6-58　参数设置与效果

步骤 4　为了让光线条更加耀目，为其添加耀光特效。执行菜单【Effect】→【Trapcode】→【Shine】耀光特效命令，设置【Ray Length】光线长度为 5.0，【Boost Light】光线强度为 15.0，具体参数及效果如图 6-59 所示。

步骤 5　观察画面，这时的光线条效果不能达到我们的预期，它过于清晰了，因此我们需要给它添加模糊特效。执行菜单【Effect】→【Blur&Sharpen】→【Fast Blur】快速模糊特效命令，设置【Blurriness】模糊度为 50.0，【Blur Dimensions】模糊方向为【Horizontal】横向模糊，具体参数及效果如图 6-60 所示。

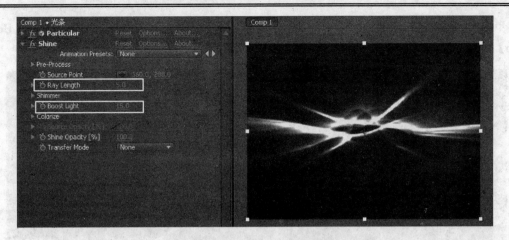

图 6-59　参数设置与效果

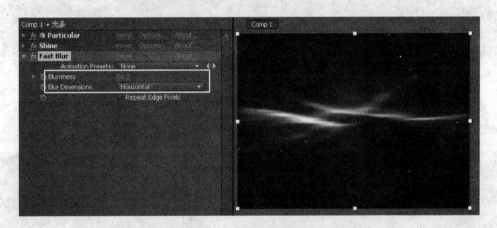

图 6-60　参数设置与效果

步骤 6　执行菜单【Effect】→【Distort】→【Bezier Warp】贝塞尔曲线特效命令，通过对各个调节点位置的设置，把光条设置成所需的流动方向，具体参数及效果如图 6-61 所示。

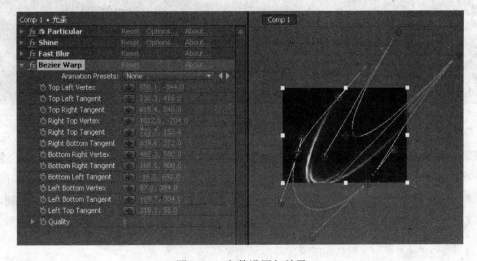

图 6-61　参数设置与效果

步骤 7 按【Ctrl+D】组合键复制设置好的"光条"层,命名为"光条 1",重新设置【Bezier Warp】贝塞尔曲线的各个调节点位置,具体参数及效果如图 6-62 所示。

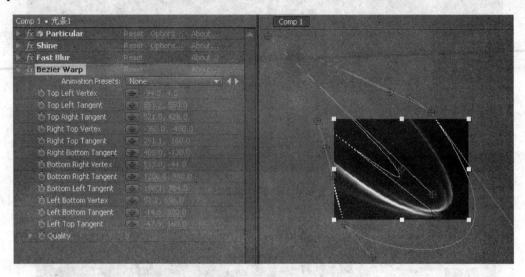

图 6-62　参数设置与效果

步骤 8 按【Ctrl+D】组合键再次复制设置好的"光条"层,命名为"光条 2",重新设置【Bezier Warp】贝塞尔曲线的各个调节点位置,具体参数及效果如图 6-63 所示。

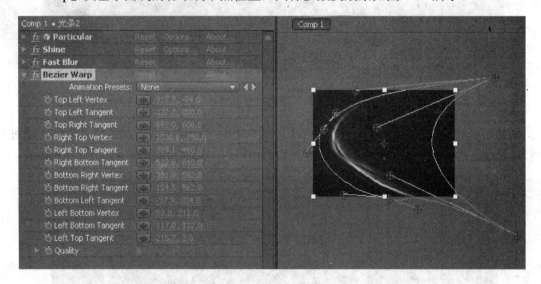

图 6-63　参数设置与效果

步骤 9 下面将"光条 1"的起始点位置移动到"1 秒","光条 21"的起始点位置移动到"2 秒",这样 3 个光条层就形成了光条舞动的效果,具体参数及效果如图 6-64 所示。

步骤 10 为了让 3 个光条更加耀眼,通过【Ctrl+D】组合键对 3 个光条层进行复制,具体参数及效果如图 6-65 所示。

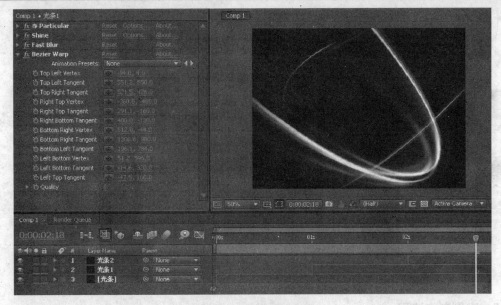

图 6-64　参数设置与效果

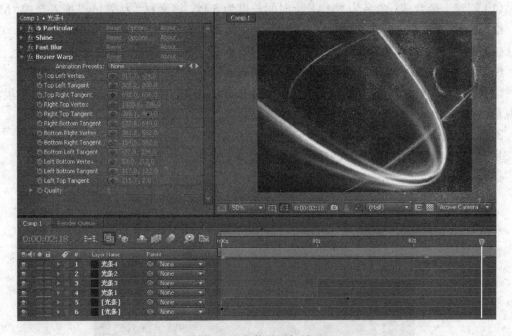

图 6-65　参数设置与效果

步骤 11　渲染输出。

6.3.2　迷幻光影制作实例

1．观看案例及技术分析

通过观看素材影片了解本案例的大致内容，如图 6-66 所示。

本例是利用 Trapcode 公司的三维粒子插件 Form 特效进行的飘动粒子网络的制作，同时配合【Shine】特效制作出了一种迷幻的光影效果。

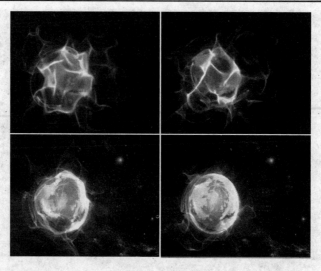

图 6-66　制作效果

2．实例制作流程

（1）创建一个合成，命名为"MAP"，时间长度为 5 秒，将素材"太空.jpg"拖入合成"MAP"中，绘制一个圆形【Mask】遮罩。

（2）新建一个黑色【Solid】层，命名为"Form 1"，制作【Form】的过渡效果。

（3）新建一个黑色【Solid】层，命名为"Form 2"，制作【Form】的散光效果。

（4）添加【Knoll Light Factory】→【Light Factory EZ】特效，给画面增加两个小星星，实现最终效果。

3．操作步骤

步骤 1　启动 After Effects，创建一个新的合成，命名为"MAP"，如图 6-67 所示。

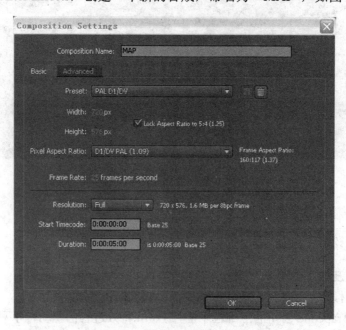

图 6-67　合成参数设置

步骤 2　将素材 "太空.jpg" 拖入合成 "MAP" 中，利用工具栏中的椭圆工具绘制出一个圆形【Mask】遮罩，展开【Mask】参数设置项，设置【Mask Feather】羽化值为 315.0，具体参数设置与效果如图 6-68 所示。

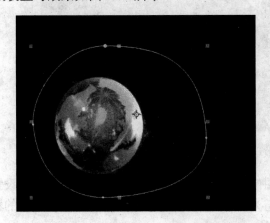

图 6-68　【Mask】设置及形状

步骤 3　再次创建一个新合成，命名为 "总合成"，如图 6-69 所示。

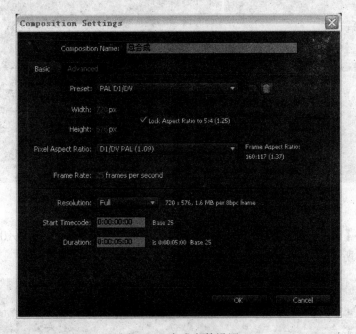

图 6-69　合成参数设置

步骤 4　将 "MAP" 合成拖至时间线上，并关闭它的显示按钮。

步骤 5　下面制作【Form】的过渡效果。新建一个黑色【Solid】层，命名为 "Form 1"，放置在 "MAP" 层之上，执行菜单【Effect】→【Trapcode】→【Form】特效命令。

步骤 6　展开【Base Form】基本形态控制组，设置【Size X】X 轴尺寸为 720，【Size Y】Y 轴尺寸为 576，【Particles in X】X 轴粒子数为 720，【Particles in Y】Y 轴粒子数为 576，【Particles in Z】Z 轴粒子数为 1。具体参数设置与效果如图 6-70 所示。

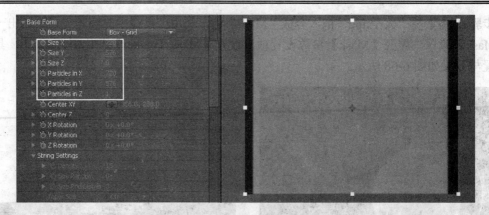

图 6-70　参数设置与效果

　　步骤 7　把粒子网络置换成 "太空.jpg" 的图像。展开【Layer Maps】层贴图控制组，设置【Layer】图层为【4.太空】，【Functionality】通道为【RGBA to RGBA】，【Map Over】贴图的覆盖面为【XY】，具体参数设置与效果如图 6-71 所示。

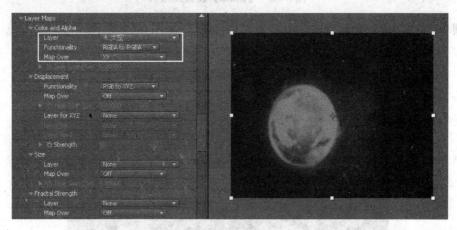

图 6-71　参数设置与效果

　　步骤 8　展开【Fractal Field】分形场控制项，设置【Displace】置换为 100，具体参数设置与效果如图 6-72 所示。

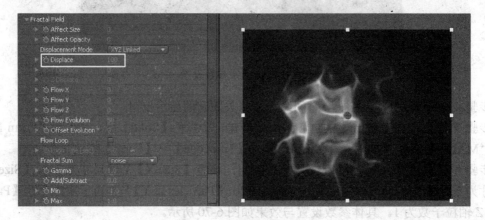

图 6-72　参数设置与效果

步骤 9　增加画面的模糊度，让画面显得更加细腻。执行菜单【Effect】→【Blur & Sharpen】→【Gaussian Blur】高斯模糊特效命令，设置【Blurriness】模糊值为 5.0，具体参数设置与效果如图 6-73 所示。

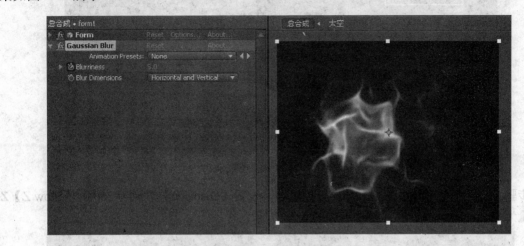

图 6-73　参数设置与效果

步骤 10　将"太空.jpg"拖至"总合成"中，放置在"Form 1"之下。下面开始设置过渡效果的关键帧动画。【Displace】置换在 0 秒时为 100.0，1 秒 15 帧时为 100.0，3 秒时为 0.0；【Blurriness】模糊值在 0 秒时为 5.0，1 秒 15 帧时为 1.0；【Opacity】在 17 帧时为 0.0，1 秒 15 帧时为 100.0。具体参数设置与效果如图 6-74 所示。

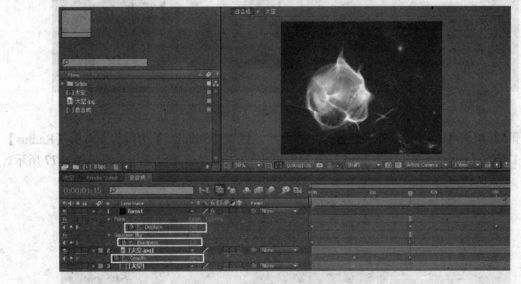

图 6-74　参数设置与效果

步骤 11　接下来制作【Form】的散光效果。新建一个黑色【Solid】层，命名为"Form 2"，放置在"Form 1"层之上。执行菜单【Effect】→【Trapcode】→【Form】特效命令，展开【Base Form】基本形态控制组，设置粒子网络尺寸和粒子数量，并重新设定中心点位置，具体参数设置与效果如图 6-75 所示。

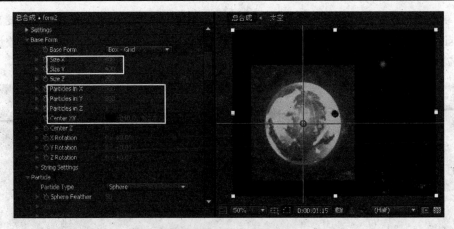

图 6-75　参数设置与效果

步骤 12　展开【Fractal Field】分形场控制项，设置【Displace】置换为 260.0，【Flow Z】Z 轴流量为 80.0，具体参数设置与效果如图 6-76 所示。

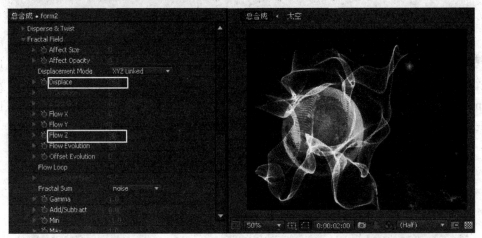

图 6-76　参数设置与效果

步骤 13　展开【Spherical Field】球形场控制组，设置【Strenght】力度为 100.0，【Radius】半径为 170.0，【Position XY】XY 轴位置为 248.0、322.0，具体参数设置与效果如图 6-77 所示。

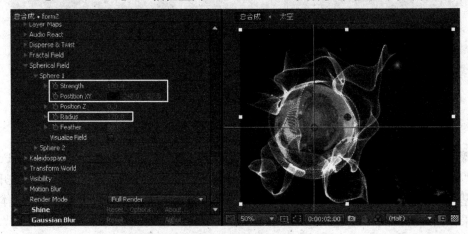

图 6-77　参数设置与效果

　　步骤 14 展开【Quick Maps】快速贴图控制组，设置粒子网络颜色和 *XY* 轴的透明值。在【Color Maps】设置项里选择自己喜爱的颜色，【Map Opac+Color Over】贴图不透明度+颜色覆盖为【Radial】（径向）。展开【Map #1】和【Map #2】分别设定 *XY* 轴的透明度数值，让粒子网络的边缘显得柔和些，具体参数设置与效果如图 6-78 所示。

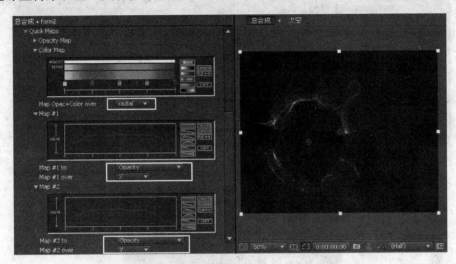

图 6-78　参数设置与效果

　　步骤 15 展开【Particle】粒子控制组，设置【Size】为 2，【Opacity】为 50，具体参数设置与效果如图 6-79 所示。

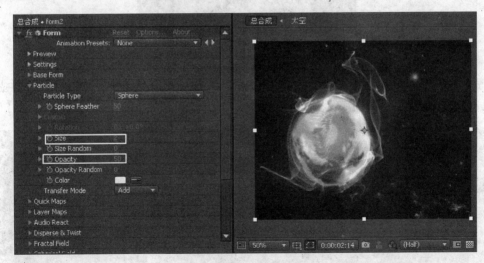

图 6-79　参数设置与效果

　　步骤 16 执行菜单【Effect】→【Trapcode】→【Shine】特效命令，设置【Ray Length】光线长度为 10.0，【Boost Light】光线强度为 25.0，【Transter Mode】叠加模式为【Add】，并重新定位光线中心点，具体参数设置与效果如图 6-80 所示。

　　步骤 17 执行菜单【Effect】→【Blur & Sharpen】→【Gaussian Blur】高斯模糊特效命令，设置【Blurriness】模糊值为 2.0，并将“Form 2”的图层叠加模式设定为【Add】，具体效果如图 6-81 所示。

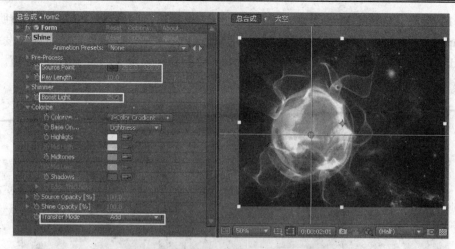

图 6-80　参数设置与效果

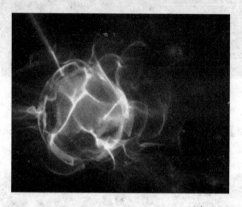

图 6-81　参数设置效果

步骤 18　给画面增加两个小星星，让画面更加丰富。执行菜单【Effect】→【Knoll Light Factory】→【Light Factory EZ】特效命令，具体参数设置与效果如图 6-82 所示。

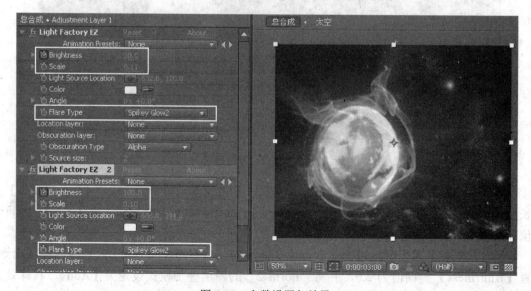

图 6-82　参数设置与效果

步骤 19　渲染输出。

6.3.3　炫彩光效制作实例

1．观看案例及技术分析

通过观看素材影片了解本案例的大致内容。

本例利用 3D Stroke 描边特效进行文字动画的制作，并配合粒子特效插件 Particular 中的预设动画来共同完成炫彩光效的最终效果，其中最主要的是文字动画中关键帧的设置。

2．实例制作流程

（1）创建一个合成，命名为"Comp 1"，时间长度为 4 秒。

（2）创建文字图层，输入"3D Stroke"，并进行【Mask】处理。

（3）给新增加的图层添加【3D Stroke】描边特效，进行参数设置及添加关键帧动画。

（4）给新增加的图层添加【Starglow】耀光特效，进行参数设置。

（5）新建一个【Solid】层，为其添加【Particular】粒子特效，进行预设动画的设置，实现最终效果，如图 6-83 所示。

图 6-83　制作效果

3．操作步骤

步骤 1　启动 After Effects，创建一个新的合成，命名为"Comp 1"，各参数设置如图 6-84 所示。

步骤 2　创建一个文字图层，输入文字"3D Stroke"，选择自己喜欢的字体，并对字体大小、位置进行相应的设置。

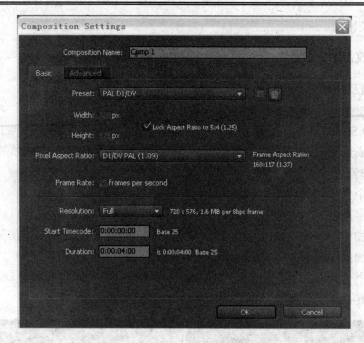

图 6-84　合成参数设置

步骤 3 选中新创建的文字图层，在【Layer】菜单下选择【Auto-traced】命令，这样它会自动产生一个【Mask】图层——【Auto-traced 3D Stroke】，同时关闭文字图层的显示按钮，如图 6-85 所示。

图 6-85　效果及图层设置

步骤 4 为【Auto-traced 3D Stroke】图层添加【3D Stroke】描边特效，设置【Thickness】厚度为 5.0，勾选【Enable】开启描边锥度功能，并把【Taper End】设为 70。具体参数设置与效果如图 6-86 所示。

步骤 5 开启【Repeater】重复控制组，设置【Instances】重复的数量在 19 帧的时候为 3，20 帧时为 1，并对其下重复描边的不透明度、缩放、伸展的因数，以及【Advanced】高级控制组下面的步幅大小等数值进行关键帧动画的设置，从而实现文字运动的效果，具体的参数设置及效果如图 6-87 到图 6-89 所示。

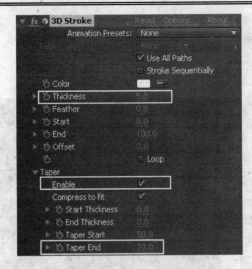

图 6-86　参数设置与效果

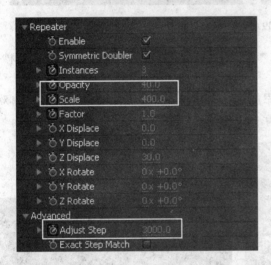

图 6-87　0 秒时的参数设置

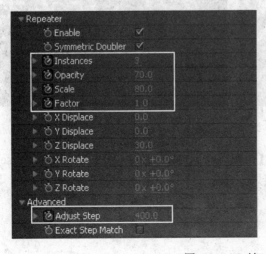
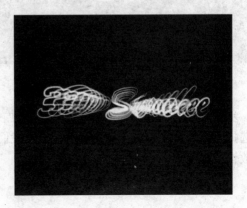

图 6-88　19 帧时的参数设置

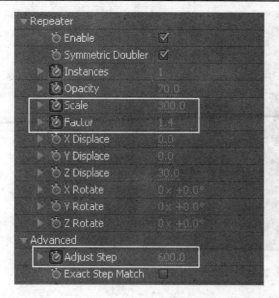

图 6-89　1 秒 09 帧时的参数设置

步骤 6　为了使文字一直保持游动的效果，我们对【Offset】偏移量进行设置，在 1 秒 09 帧的时候为 0，4 秒时为 10。

步骤 7　为【Auto-traced 3D Stroke】图层添加【Starglow】耀光特效，选择一个自己喜欢的颜色来增加文字的闪动效果。设置光线长度为 15，如图 6-90 所示。

图 6-90　参数设置与效果

步骤 8　新建一个【Solid】层，为其添加【Particular】粒子特效，在【Animation Presets】下选择【t_OrganicLines】预设动画，下面我们只要选择一个自己喜欢的颜色组就可以了，具体参数设置如图 6-91 所示。

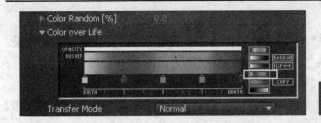

图 6-91　参数设置

步骤 9 渲染输出。

注意：由于版本的问题，【Particular】粒子特效在安装后里面没有自带的动画预设效果，这时可以下载自己想要的动画预设，将其复制到 "Adobe After Effects CS4\Support Files\Presets" 目录下即可选用。

6.4　其他特效插件应用

After Effects 的插件功能是非常强大的，它们能制作出形态万千的效果，在影视动画后期的制作中非常重要。在本节中我们将带着大家一起学习几个效果较好的外挂插件。

6.4.1　线性反射

1．观看案例及技术分析

通过观看素材影片了解本案例的大致内容，如图 6-92 所示。

本例主要利用线性特效插件 Gakcharmer 和反射效果插件 VC Reflect 来共同完成线性反射的效果。

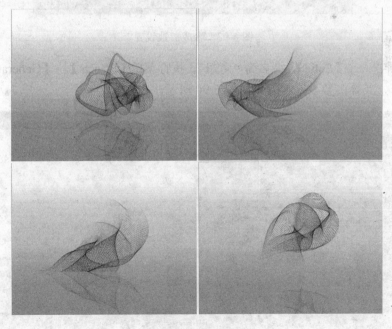

图 6-92　制作效果

2．实例制作流程

（1）创建合成"Comp 1"，新建一个"背景"层，添加【Ramp】渐变特效制作背景效果。

（2）新建一个调节层，命名为"线条"，利用工具栏的钢笔工具绘制一个【Mask】。

（3）为"线条"添加【Gakcharmer】特效，制作线性动画效果。

（4）创建一个"总合成"，添加 VC Reflect 插件，制作倒影层，实现最终效果，如图 6-92 所示。

3．操作步骤

步骤 1 启动 After Effects，创建一个新的合成"Comp 1"，各参数设置如图 6-93 所示。

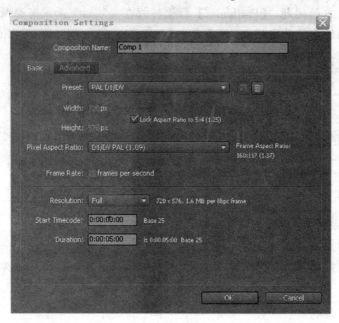

图 6-93　合成参数设置

步骤 2 新建一个【Solid】，命名为"背景"，执行菜单【Effects】→【Generate】→【Ramp】渐变特效命令，具体参数设置与效果如图 6-94 所示。

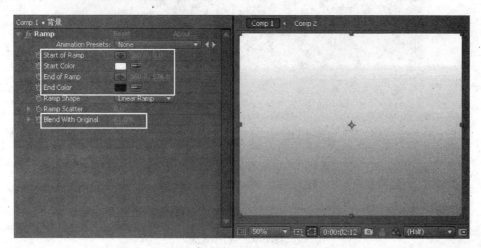

图 6-94　参数设置与效果

步骤 3　新建一个调节层，命名为"线条"，放置在"背景"层之上，利用工具栏的钢笔工具绘制一个【Mask】，如图 6-95 所示。

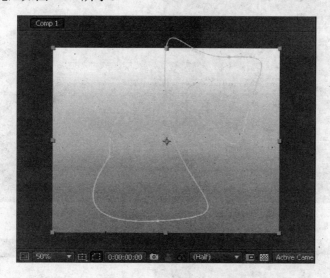

图 6-95　【Mask】形状

步骤 4　选中"线条"调节层，执行菜单【Effects】→【PE Gak Pak】→【Gakcharmer】特效命令，如图 6-96 所示。

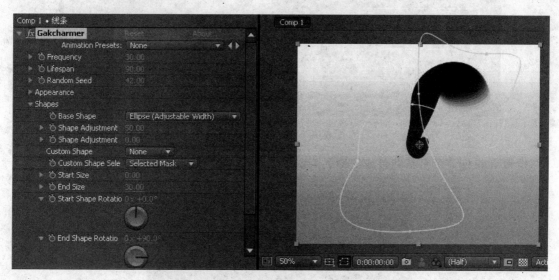

图 6-96　参数设置与效果

步骤 5　在【Gakcharmer】特效参数设置项中，设置【Frequency】频率为 50.0，【Lifespan】生命值为 100.0，【Random Seed】随机值为 55.0；展开【Appearance】外形控制组，进行线性大小的设置。具体参数设置与效果如图 6-97 所示。

步骤 6　展开【Shapes】形状控制组，设置【Custom Shape】自定义形状为【Mask 1】，【Start Size】为 50.0，【End Size】为 0.0，具体参数设置与效果如图 6-98 所示。

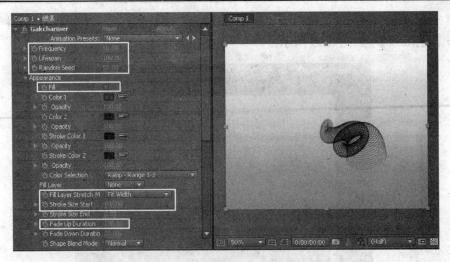

图 6-97　参数设置与效果

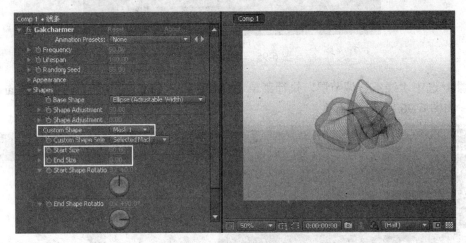

图 6-98　参数设置与效果

步骤 7 再创建一个新的合成，命名为"总合成"，各参数设置如图 6-99 所示。

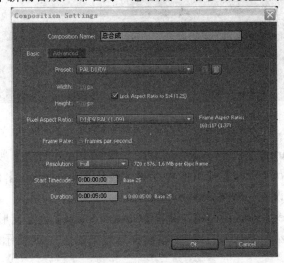

图 6-99　合成参数设置

步骤 8　将"Comp 1"与"背景"【Solid】层拖入总合成中，具体顺序如图 6-100 所示。

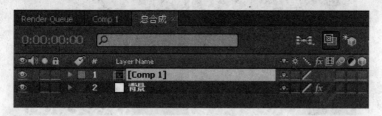

图 6-100　图层关系

步骤 9　选中"Comp 1"层，执行菜单【Effects】→【Video Copilot】→【VC Reflect】特效命令，为其制作倒影效果。设置【Floor Position】反射位置为（360.0，413.0），【Reflection Distance】反射距离为 65.0%，【Skew】反射斜度为 1.0，【Opacity】为 50.0%，具体参数设置与效果如图 6-101 所示。

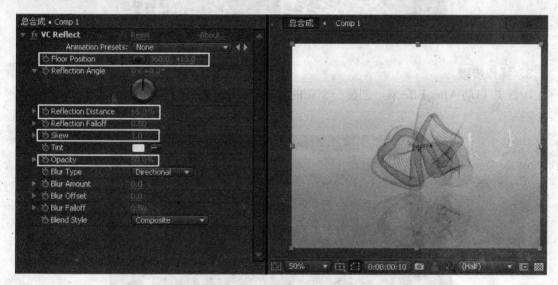

图 6-101　参数设置与效果

6.4.2　网格球体

1．观看案例及技术分析

通过观看素材影片了解本案例的大致内容，如图 6-102 所示。

本例主要利用【Shape Layer】图层的【Repeater】复制功能编制成一个网格，并配合【FE Sphere】球体特效形成球体效果。

2．实例制作流程

（1）新建一个【Shape Layer】图层，利用【Repeater】复制功能交织成一个网格。

（2）为网格合成添加【FE Sphere】球体特效，制作球体旋转动画。

（3）为网格球体添加背景素材和【Light Factory LE】光效。

（4）新建一个调节层，添加【Light Factory EZ】光效，制作光斑位移动画，实现最终效果。

图 6-102　制作效果

3. 操作步骤

步骤 1　启动 After Effects，创建一个新的合成"Comp 1"，各参数设置如图 6-103 所示。

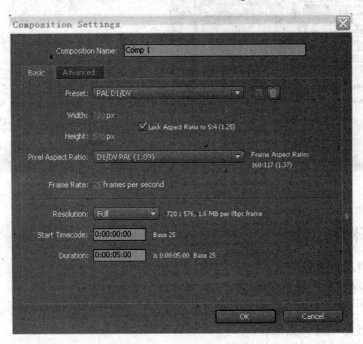

图 6-103　合成参数设置

步骤 2　新建一个【Shape Layer】图层，利用工具栏的矩形工具绘制一个矩形，并选择【Shape Layer】层的【Repeater】复制功能，如图 6-104 所示。

如图 6-104   【Repeater】功能

步骤 3 展开【Repeater 1】参数设置项，设置【Copies】复制量为 24.0，【Position】位置为（0.0，25.0），具体参数设置与效果如图 6-105 所示。

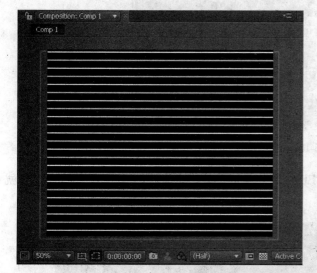

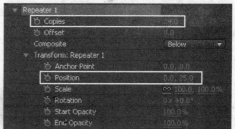

图 6-105   参数设置与效果

步骤 4 按【Ctrl+D】组合键复制 "Shape Layer 1" 图层，并且将复制好的 "Shape Layer 2" 图层旋转 90 度，展开【Repeater 1】参数设置项，设置【Copies】复制量为 40.0，【Position】位置为（4.4，-476.0），具体参数设置与效果如图 6-106 所示。

步骤 5 同时选中两个【Shape Layer】图层，按快捷键【Ctrl+Shift+C】组成一个新的合成，命名为 "网格"，如图 6-107 所示。

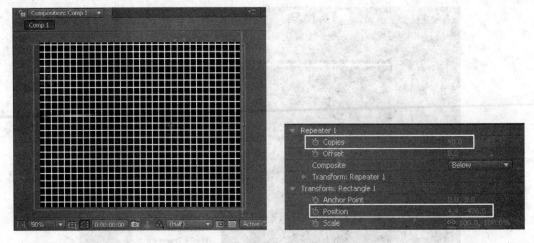

图 6-106　参数设置与效果

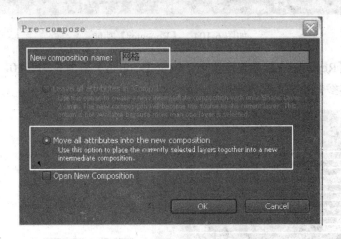

图 6-107　合成提示

步骤 6　执行菜单【Effect】→【Final Effect】→【FE Sphere】球体特效命令，这样网格就形成了一个球体，如图 6-108 所示。

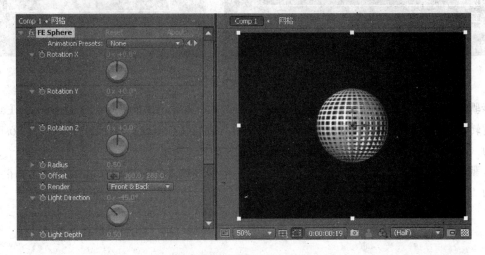

图 6-108　参数设置与效果

步骤 7 在【FE Sphere】的参数设置项里，我们设置【Rotation Z】Z 轴旋转值为 0×-28.0，【Radius】圆球半径为 1.45，【Offset】偏移坐标为（534.0，404.0），再设置球体光源的一些参数值，具体参数设置与效果如图 6-109 所示。

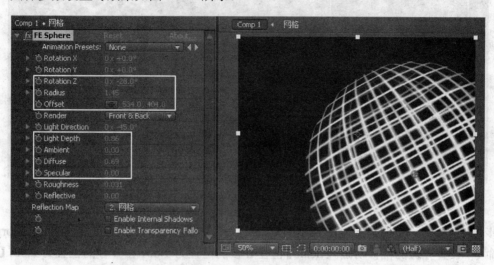

图 6-109 参数设置与效果

步骤 8 设置关键帧动画让网格球体旋转起来，【Rotation Z】在 0 秒时为 0°，在 5 秒时为 90°。

步骤 9 导入素材"背景.mov"，放置在"网格"层下方。利用椭圆形工具绘制一个【Mask】遮罩，展开【Mask】参数设置项，设置【Mask Feather】值为（200.0，200.0），如图 6-110 所示。

图 6-110 【Mask】形状

步骤 10 为"网格"层添加一些暖光源，执行菜单【Effect】→【Knoll Light Factory】→【Light Factory LE】特效命令，设置【Brightness】为 150.0，【Scale】为 3.0，【Light Source Loca】为（714.0，572.0），具体参数设置与效果如图 6-111 所示。

图 6-111　参数设置与效果

步骤 11　新建一个调节层，执行菜单【Effect】→【Knoll Light Factory】→【Light Factory EZ】特效命令，设置光斑的位移动画。【Scale】值在 0 秒的位置为 1.00，在 3 秒的位置为 2.00，【Light Source Loca】值在 0 秒的位置坐标为（600.0，418.8），在 1 秒的位置坐标为（721.8，173.8），在 3 秒的位置坐标为（171.0，-64.0），具体参数设置与效果如图 6-112 所示。

图 6-112　参数设置与效果

步骤 12　渲染输出。

6.5　本　章　小　结

本章通过实例的制作讲解了当今行业上流行的一些 AE 特效外挂插件的使用，利用这些插件可以制作出很多出人意料的效果。这就需要大家进行大量的练习并不断地思考，最重要的是要和行业内人士进行交流。

课后思考题

一、简答及思考题

1. Shine 插件如何进行安装和注册？

2. 本章中提到的 FE 插件有哪些，简述它们的功能。

3. 简述【Particular】特效都能实现哪些效果，请利用此特效自行创意制作一个效果。

二、操作题

1. 利用学习过的插件，应用其中至少 3 个特效创意制作 10 秒的片头效果。

2. 观赏有特效的电影镜头，尝试利用所学的插件模仿其制作效果。

第 7 章　影视动画后期综合实例制作

主要内容

实例的综合制作

知识目标

1．电视广告片的制作流程

2．多种软件的综合应用

能力目标

1．实例的综合制作能力

2．创意制作影视动画片头或广告

学习任务

1．掌握广告片制作的基本流程

2．掌握利用 3D、Photoshop、AE 等软件进行综合制作的方法

3．综合应用各种外置插件制作影视动画片头效果

在影视动画后期制作中，片头制作是使用剪辑、特效、合成等综合技术较多的案例，片头的制作过程非常复杂，一般的步骤如下。

（1）确定将要服务的目标。

（2）确定制作包装的整体风格、色彩节奏等。

（3）设计分镜头脚本，绘制故事板。

（4）进行音乐的设计制作与视频设计的沟通，拿出解决方案。

（5）将制作方案与客户沟通，确定最终的制作方案。

（6）执行设计好的制作过程，包括涉及的 3D 制作、实际拍摄、音乐制作等。

（7）最终合成为成片输出播放。

以上是简单的片头制作过程，在实际的工作过程中还可以进行必要的调整。

通过学习片头制作可以综合运用前面学习的内容，从而提高相关技术的应用能力。

7.1　《现在播报》实例制作

本节主要通过讲解《现在播报》片头实例来进行 3D、Photoshop 和 After Effects 的综合应用练习。因为要体现出新闻栏目的科技感，所以引入了大量的抽象元素，建模和材质部分并不复杂，需要重点学习的是在 After Effects 的合成过程中，是怎样将大量的图层进行叠加的，各个场景之间是怎样转场衔接的，以及分散的镜头是怎样组接成流畅自然的新闻片头的。整个片头是以蓝色为基调的，以突出现在社会的数字化，同时用一系列快速变化的光效来体现数字化时代的特点。

7.1.1　观看案例及技术分析

通过观看素材影片了解本案例的大致内容，效果如图 7-1 所示。

图 7-1　制作效果

7.1.2　实例制作流程

本实例主要通过制作各种流动光线、光斑及光效来实现各镜头的衔接，从而制作出《现在播报》新闻栏目片头。

（1）制作"场景 01"，实现片头文字出现。

（2）制作"场景 02"，制作旋转放射状流光画面效果。

（3）制作"场景 03"，利用地图等元素制作信息时代全球化的视觉效果。

（4）制作"场景 04"，实现整个片头文字效果。

（5）制作"综合成"，将各合成转场衔接，渲染输出。

7.1.3　操作步骤

场景 01 效果如图 7-2 所示。

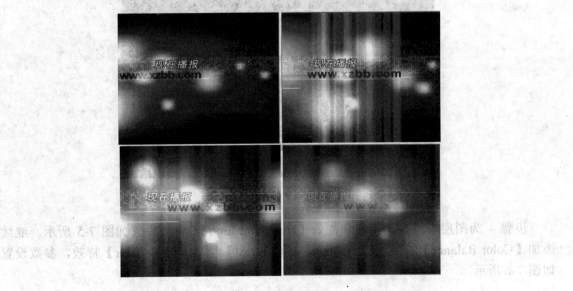

图 7-2　场景 01 效果

操作步骤如下。

步骤 1　新建合成，命名为"冲击波"，时间长度为 3 秒，导入"桔黄亮线场景 1.tga"文件，将其拖放到【Timeline】时间线上，为【Position】添加关键帧，制作其从画面外直接穿过画面的动态效果。

步骤 2　新建合成，命名为"碎块重复"，时间长度为 5 秒，以静帧序列的形式导入"闪亮格碎"文件，并将其拖入时间线中，按快捷键【Ctrl+D】复制两层，并调整各层的位置和大小，如图 7-3 所示。

图 7-3　图层位置

步骤 3　新建合成，命名为"场景 01"，时间长度为 2 秒 15 帧，以静帧序列的形式导入"动态素材背景.BHD"文件，作为场景的背景。利用钢笔工具绘制如图 7-4 所示的【Mask】，并为该图层的【Position】添加关键帧，制作从画面左侧进入画面的过程。

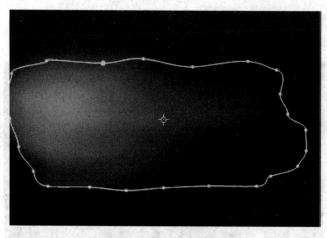

图 7-4　【Mask】形状

步骤 4　为图层进行调色，添加特效【Hue/Saturation】，参数设置如图 7-5 所示。继续添加【Color Balance】特效、【Brightness & Contrast】特效、【Fast Blur】特效，参数设置如图 7-6 所示。

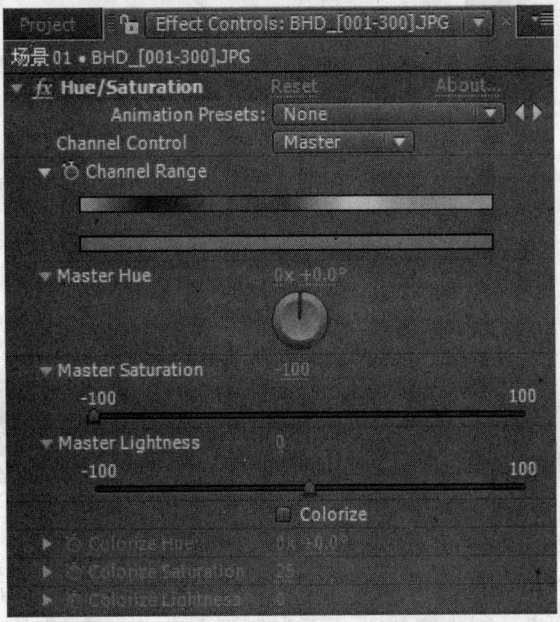

图 7-5　【Hue/Saturation】参数设置

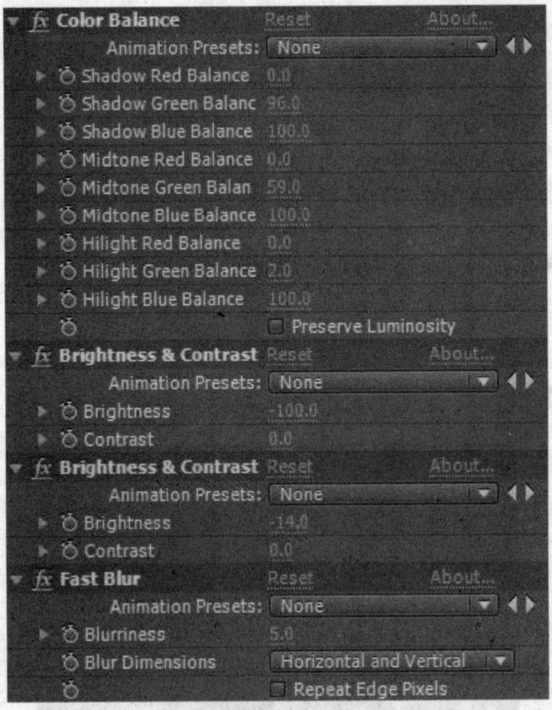

图 7-6　参数设置

步骤 5　将"碎块重复"合成作为图层拖入【Timeline】，在 Photoshop 中绘制如图 7-7 所示的碎块通道，命名为"很碎块通道 2.jpg"，导入并拖入【Timeline】。设置两个图层的叠加模式【Mode】，如图 7-8 所示。为"碎块重复"层的【Position】和【Opacity】添加关键帧，制作从左向右的动画。

图 7-7　碎块通道

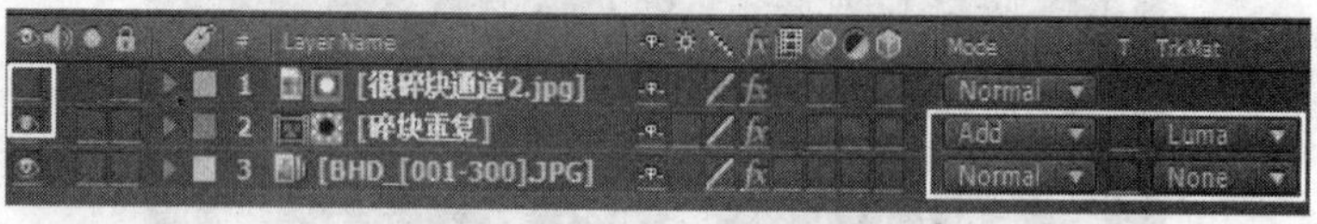

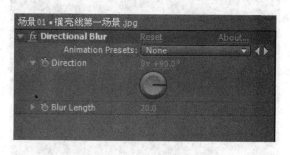

图 7-8　【Mode】设置

步骤 6　导入素材"横亮线第一场景.jpg"文件，并拖入【Timeline】，为其【Position】和【Opacity】添加关键帧，制作亮线从画面左侧滑入，此时透明度为 40%；再逐渐从右侧滑出，同时透明度从 40%的状态变化为 0%。再为该层添加【Directional Blur】特效，参数设置如图 7-9 所示。

图 7-9　参数设置

步骤 7　按【Ctrl+D】组合键复制三层，将亮线的位置做轻微的变动，效果如图 7-10 所示。

图 7-10　亮线位置

步骤 8　在 Photoshop 中制作如图 7-11 所示的光斑，作为图层导入，拖入时间线，图层叠加模式为【Add】；添加【Brightness & Contrast】和【Color Balance】特效，参数设置如图 7-12 所示。继续为参数【Position】和【Opacity】添加关键帧，制作穿过画面的动画效果。

图 7-11　光斑效果

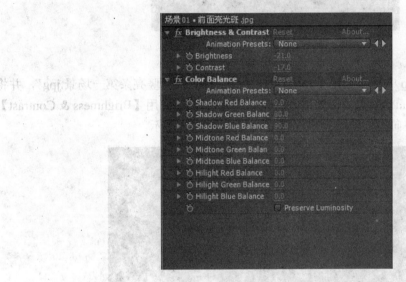

图 7-12　参数设置

步骤 9　按【Ctrl+D】组合键复制四层，移动光斑的位置，并调整光板的【Scale】大小，效果如图 7-13 所示。

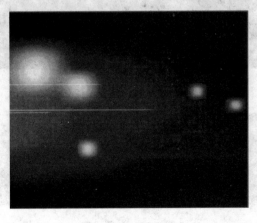

图 7-13　光斑位置

步骤 10 按步骤 5 的方式继续制作碎片重复的效果，与之不同的是作为蒙版的图片发生了变化，图片为"很碎块通道.jpg"，同样制作从画面左侧向右侧滑动的动画效果，如图 7-14 所示。

图 7-14　通道的动画设置

步骤 11 在 Photoshop 中制作如图 7-15 所示的图片，命名为"竖亮条第一场景.jpg"，并将其导入进来，拖放到【Timeline】上，图层叠加模式为【Add】，利用【Brightness & Contrast】调整效果，同样制作从左向右的动画效果，参数设置如图 7-16 所示。

图 7-15　竖亮条第一场景

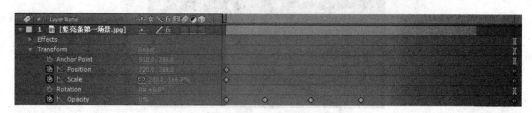

图 7-16　参数设置

步骤 12 为了让画面更有层次感，再将亮斑层复制两层，并移动到上层，当前图层关系如图 7-17 所示。

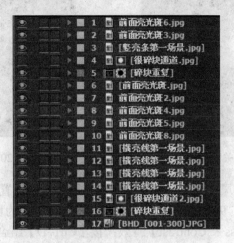

图 7-17　图层关系

步骤 13 新建【Solid】固态层，添加【Path Text】特效，单击【Edit Text】按钮，输入文字 "www.xzbb.com"，并设置相应参数，0 秒时【Tracking】为-3，3 秒时为 17；【Left Magin】在 0 秒时为-150，2 秒 15 帧时为 190，如图 7-18 所示。同时为【Opacity】添加关键帧，制作逐渐消失的效果。

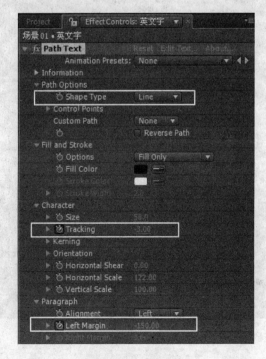

图 7-18　参数设置

步骤 14 利用同样的方法创建文字 "现在播报"，【Tracking】不设关键帧将【Left Magin】的关键帧在 0 秒时设置为 20，2 秒 15 帧时设置为-50。0 秒时效果如图 7-19 所示；2 分 10 秒时效果如图 7-20 所示。

图 7-19　设置关键帧效果　　　　　　　图 7-20　设置关键帧效果

　　步骤 15　继续复制亮光斑，将其放置在文字的上层，调整位置、大小，并设置好关键帧。

　　步骤 16　将指针确定在 9 帧的位置，将"冲击波"合成作为图层拖入【Timeline】，放置在最上层，添加【Brightness & Contrast】特效；按【Ctrl+D】组合键复制一层，选中最上层，调整【Opacity】为 80%，添加【Color Balance】、【Fast Blur】和【Wave Warp】，参数设置如图 7-21 所示。

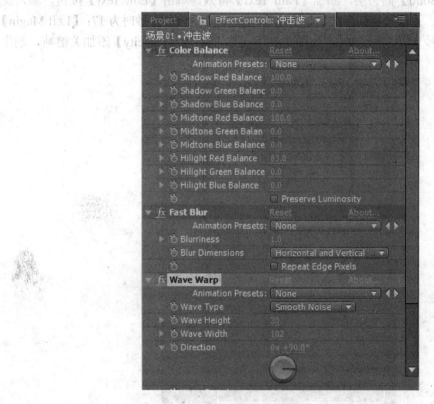

图 7-21　参数设置

　　步骤 17　场景 01 制作完成，图层关系图如图 7-22 所示。

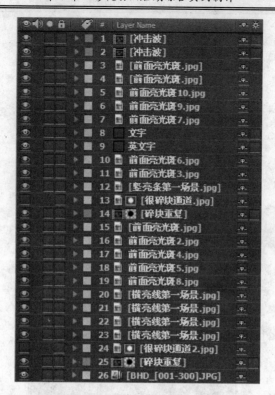

图 7-22　图层关系

场景 02 效果如图 7-23 所示。

图 7-23　场景 02 效果

操作步骤如下。

步骤 1　启动 3ds Max 2010，创建碎条块，首先创建【Box】，调整大小，复制多个，并调整多个，在透视图中观察效果如图 7-24 所示。

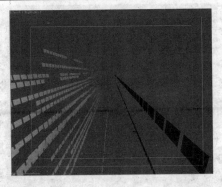

图 7-24　多个【Box】的位置及大小

步骤 2　为【Box】赋予材质球，如图 7-25 所示。

图 7-25　【Box】材质球

步骤 3　添加泛光灯【Omni Light】3 盏和摄像机【Free Camera】，并为摄像机设置关键帧，如图 7-26 所示。

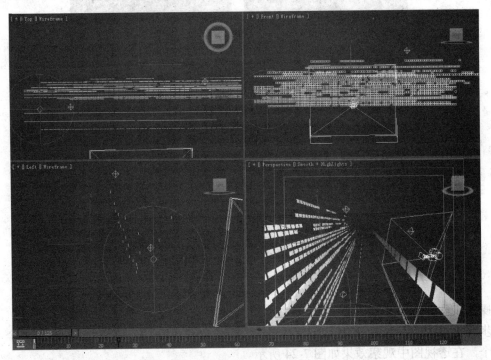

图 7-26　摄像机及灯光位置

步骤 4　渲染输出静帧图片，设置格式为 tga，0～125 帧，尺寸为 720×576 像素，摄像机视图具体参数如图 7-27 所示。

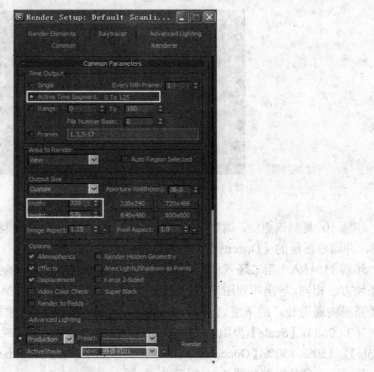

图 7-27　参数设置

步骤 5　将 tga 序列保存为"第二场景碎条块.tga"。

步骤 6　打开 After Effects，新建合成"场景 02"，将场景 01 中的背景 BHD 序列复制过来，参数保持不变。

步骤 7　将 Photoshop 制作的素材"第二场景旋转放射背景.tga"文件导入，拖放到背景层的上层，并为其添加【Brightness & Contrast】和【Fast Blur】特效，参数设置如图 7-28 所示。

图 7-28　参数设置

步骤 8　利用前面讲过的方法对"碎块重复"和"很碎块通道 2.tga"进行设置，参数设置方法不变。

步骤 9　将"第二场景碎条块[000-125].tga"以序列形式导入并拖入时间线，为【Position】和【Scale】添加关键帧，0 秒时【Position】为（253，288），【Scale】为 130%，100%；1 秒时

【Position】为（360，288），【Scale】为 100%，100%；再为该图层添加【Brightness & Contrast】和【Compound Blur】特效，参数设置如图 7-29 所示。

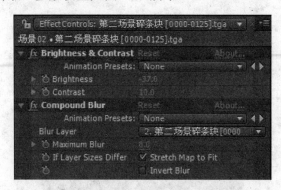

图 7-29　参数设置

步骤 10　复制该图层，调整【Blur】特效为【Fast Blur】快速模糊，设置模糊值【Blurriness】为 8，并调整图层的【Opacity】为 60%。

步骤 11　导入"第二场景模糊通道.tga"文件，利用 3ds Max 制作第二场景碎地图，方法与碎条块方法相同，导出序列图片，在 After Effects 中导入序列并拖入时间线 10 帧处，放置在"第二场景模糊通道.tga"的下层。为【Position】、【Scale】和【Opacity】添加关键帧，10 帧时【Position】为（360，288），【Scale】为 100%，100%，【Opacity】为 0；1 秒时【Position】为（327，287），【Scale】为 150%，150%，【Opacity】为 80%。再为该图层添加【Brightness & Contrast】和【Compound Blur】特效，参数设置如图 7-30 所示。

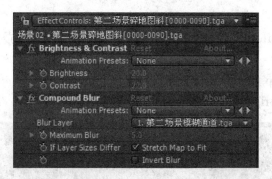

图 7-30　参数设置

步骤 12　复制该图层，调整【Blur】特效为【Fast Blur】快速模糊，设置模糊值【Blurriness】为 6，并调整图层的【Opacity】的变化为 0%～20%。各图层关系如图 7-31 所示。

	1	第二场景模糊通道.tga			None
	2	第二场景碎地图...090].tga	fx		None
	3	第二场景碎地图...090].tga	fx		None
	4	第二场景碎条块...125].tga	fx		None
	5	第二场景碎条块...125].tga	fx		None
	6	很碎块通道2.jpg	fx		None
	7	碎块重复	fx		None
	8	第二场景碎转放射背景.tga	fx		None
	9	BHD [001-300].JPG	fx		None

图 7-31　图层关系

步骤 13　在 3ds Max 中制作光环效果。首先创建一个【Tube】，添加【Uvw Mapping】修改器，为其添加材质贴图，添加摄像机，制作摄像机动画，如图 7-32 所示。

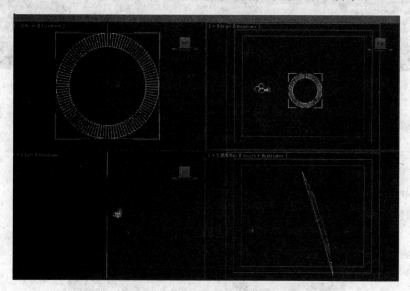

图 7-32　各视图效果

步骤 14　渲染输出成序列帧图片，将它们导入 After Effects 中并拖入时间线，为【Opacity】添加关键帧，制作 0%→100%→100%→0% 的变化过程，为图层添加【Hue/Saturation】和【Fast Blur】特效，参数设置如图 7-33 所示。

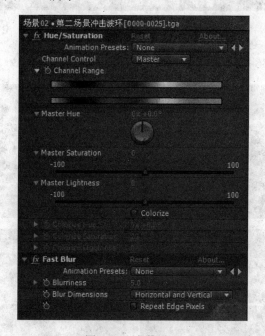

图 7-33　参数设置

步骤 15　复制图层，调整图层位置，如图 7-34 所示。

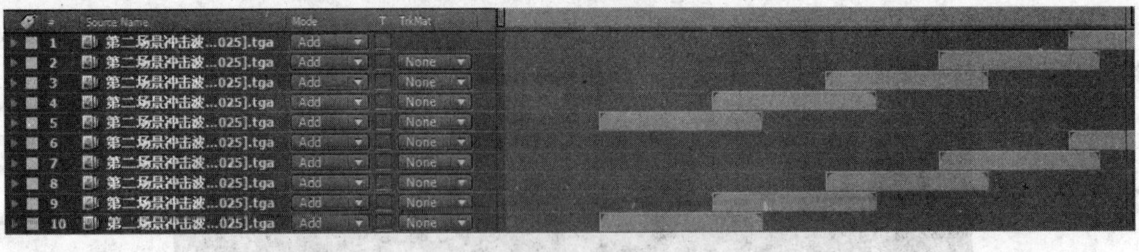

图 7-34 图层位置

步骤 16 场景 02 制作完成，图层关系如图 7-35 所示。

图 7-35 图层关系

场景 03 效果如图 7-36 所示。

图 7-36 场景 03 效果

操作步骤如下。

步骤 1　新建合成"场景 03 飞亮光点"，将"前面亮光斑.jpg"文件拖入，添加【Brightness & Contrast】和【Color Balance】特效，参数设置如图 7-37 所示。为【Position】添加关键帧，制作光斑移出画面的动态效果。复制 11 层，调整光斑【Position】和【Opacity】。效果如图 7-38 所示。

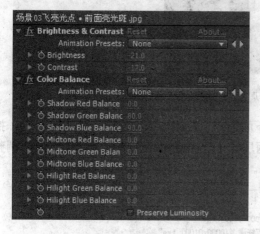

图 7-37　参数设置

图 7-38　光斑效果

步骤 2　新建合成"场景 03 下面地球"，依照场景 01 中设置背景的方法设置背景层并添加特效，参数设置相同。利用前面讲过的方法添加闪亮格碎及通道层，效果如图 7-39 所示。

步骤 3　将"场景 03 飞亮光点"拖放到当前合成中，复制 1 层，将【Opacity】分别调整为 10%和 30%，图层关系如图 7-40 所示。

步骤 4　将"碎片大地球"序列图片导入并拖到上层，复制 2 层，分别将复制图层的【Opacity】调整为 40%和 50%，效果如图 7-41 所示。

图 7-39　添加闪亮格碎及通道

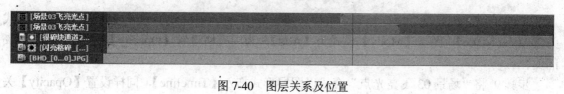

图 7-40　图层关系及位置

图 7-41　添加效果

　　步骤 5　新建合成"场景 03"，将"场景 03 下面地球"合成作为图层拖入【Timeline】，拖入"大地球碎块通道.tga"序列帧到上层，调整两层的【Track Matte】方式，选中下层，调整【Track Matte】为【Luma Matte】，如图 7-42 所示。

图 7-42　【Track Matte】方式

　　步骤 6　复制"场景 03 下面地球"层，拖入最上层，为【Opacity】添加关键帧，2 秒时为0，2 秒 19 帧时为 100%。

　　步骤 7　将"第三场景下面地图背景.tga"图片拖入时间线，放置在如图 7-37 所示的位置。添加【Brightness & Contrast】特效，调整【Brightness】为-20，【Contrast】为 15。

图 7-43　图片位置

　　步骤 8　将"闪亮格"序列帧和"很碎块通道.jpg"拖入时间线，设置【Track Matte】方式为【Alpha Matte】，图层【Mode】模式为【Add】，为闪亮格设置【Opacity】关键帧 0%～10%的变化。

　　步骤 9　将"场景 03 飞亮光点"合成以图层形式拖入【Timeline】，同样设置【Opacity】关键帧 0%～10%的变化，设置图层【Mode】为【Add】。

步骤 10　拖入场景 3 中间隔断图片，添加【Brightness & Contrast】和【Fast Blur】特效，设置【Opacity】从 0%～100%的变化关键帧。

步骤 11　拖入"冲击波"合成，复制 1 层，添加【Color Balance】和【Wave Warp】特效，参数设置如图 7-44 所示。

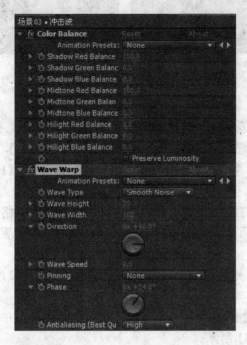

图 7-44　参数设置

步骤 12　场景 03 制作完成，图层关系如图 7-45 所示。

图 7-45　图层关系

场景 04 效果如图 7-46 所示。

图 7-46　场景 04 效果

图 7-46 场景 04 效果（续）

操作步骤如下。

步骤 1 新建合成"场景 04 下层"，时间长度为 10 秒，以静帧序列的形式导入"动态素材背景，BHD"文件，作为场景的背景。添加特效【Hue/Saturation】，参数设置如图 7-47 所示。继续添加【Color Balance】特效、【Brightness & Contrast】特效、【Fast Blur】特效，参数设置如图 7-48 所示。

步骤 2 利用前面讲过的方法为"很碎块通道 2.jpg"和"闪亮格碎序列.tga"图片制作遮罩效果和图层叠加效果。将两个图层选中，复制 1 层，调整图层位置，图层位置效果如图 7-49 所示。

步骤 3 将"场景 03 飞亮光点"合成以素材的形式导入，复制 3 层，调整图层位置如图 7-50 所示。

步骤 4 将"两背景连拉镜头"序列图片以序列帧的形式导入并拖放到【Timeline】上，添加特效，参数设置如图 7-51 所示。

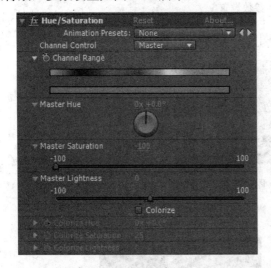

图 7-47 参数设置　　　　　　　　图 7-48 参数设置

图 7-49 图层关系及位置

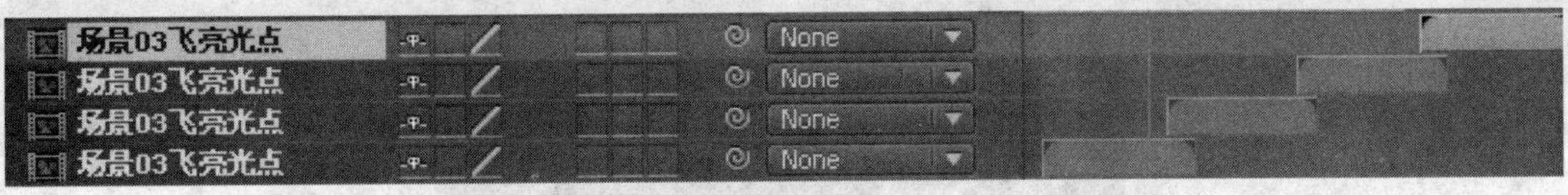

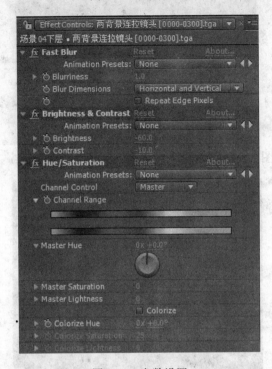

图 7-50　图层位置

图 7-51　参数设置

步骤 5　将该图层复制多层，调整【Opacity】属性，在 5 秒 12 帧时的参数设置如图 7-52 所示。6 秒 13 帧时参数设置如图 7-53 所示。

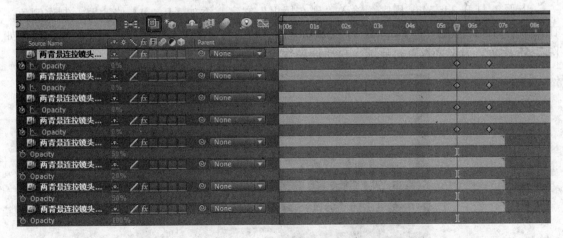

图 7-52　【Opacity】参数设置

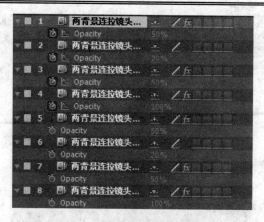

图 7-53　【Opacity】参数设置

步骤 6　制作效果如图 7-54 所示。

图 7-54　制作效果

步骤 7　打开 3ds Max 程序，输入"现在播报"文字，添加【Bevel】修改器，制作倒角；在文字的后面，创建一个【Box】，厚度为 0.01，复制到对角线上并群组；添加摄像机。效果如图 7-55 所示。为文字设置材质球，材质球参数设置如图 7-56 所示。

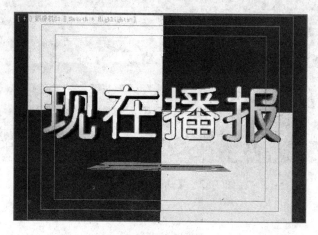

图 7-55　文字效果

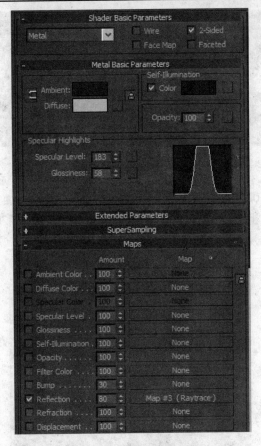

图 7-56　材质参数设置

步骤 8　为摄像机设置关键帧，并渲染输出静帧图片。

步骤 9　新建合成，命名为"场景 04"，将刚刚创建的合成文件拖入，并拖入之前的素材，具体图层如图 7-57 所示。

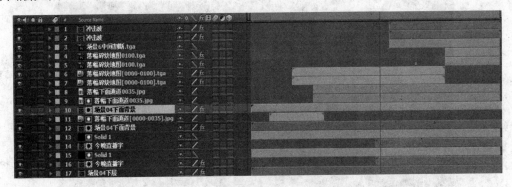

图 7-57　图层关系

"总合成"场景的操作步骤。

步骤 1　新建合成，命名为"总合成"，将"场景 01"～"场景 04"合成全部拖入【Timeline】，调整图层位置，将背景音乐文件"November News 15.wma"导入并拖放到合成的底层，如图 7-58 所示。

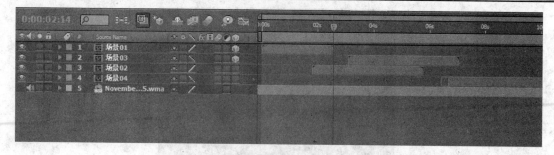

图 7-58　图层效果

步骤 2　选中"场景 01"层，打开图层三维开关，为其添加【Mask】，形状如图 7-59 所示。为【Mask Path】和【Mask Feather】添加关键帧，在 1 秒 20 帧处，关键帧设置参数如图 7-60 所示。2 秒 14 帧处，【Mask】形状变化如图 7-61 所示，关键帧参数设置如图 7-62 所示。

图 7-59　【Mask】形状

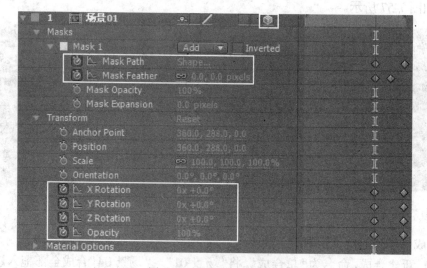

图 7-60　关键帧参数设置

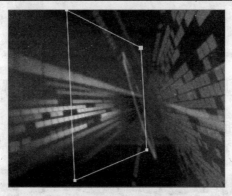

图 7-61　【Mask】形状变化

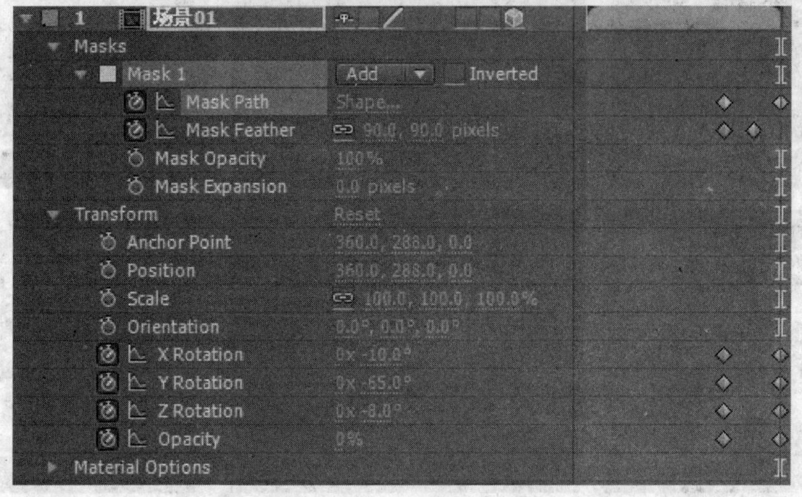

图 7-62　关键帧参数设置

步骤 3　选中"场景 03"，打开三维开关，为"场景 03"设置关键帧，调整【Position】、【Scale】和【Rotation】的值，在 6 秒 17 帧、6 秒 20 帧和 7 秒 02 帧的参数设置如图 7-63 所示。

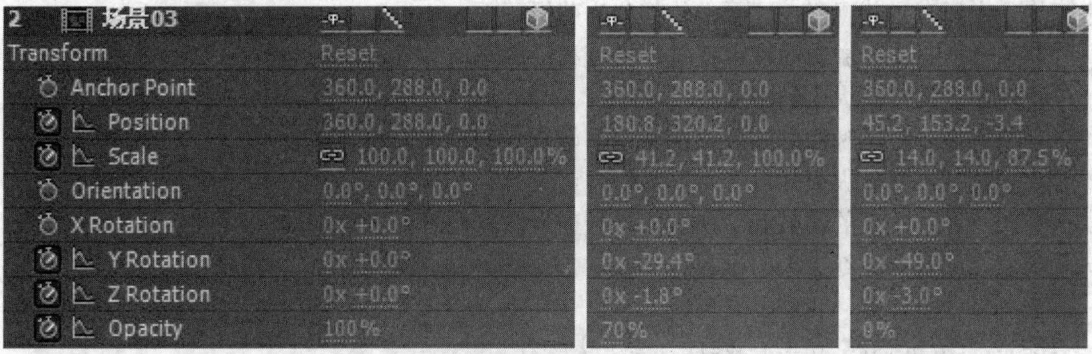

图 7-63　关键帧参数设置

步骤 4　其他图层不做调整，预览效果，渲染输出。

7.2　拓 展 思 维

有了制作片头的经验，下面通过给定的创意文案、分镜头表现手法及相应的素材自行制作《石梁》电视广告。

1．观看案例及技术分析

通过观看素材影片了解本案例的大致内容，如图 7-64 所示。

图 7-64　广告制作效果

2．前期创意广告文案

（1）广告文案。

标底画面：底部为红色色块，叠加积雪。左下侧为啤酒酒杯组成的"春"字，右上角为一串鞭炮。中间有雪花飘飘。画面主体部分为剪辑画面。

剪辑画面：流光溢彩的城市夜景，快速移动的车流、人流。

男声配音：红红火火的事业。

剪辑画面：石梁啤酒倒满酒杯，家人、婚宴、朋友共同举杯庆贺。

女声配音：红红火火的日子。

剪辑画面：欢庆的锣鼓队、秧歌队、敲鼓者、舞旗者的激情表演。

男女合配音：红红火火的祝福！

字幕特效：你红，我红，大家红！

配音：（女）你红，（男）我红，（合）大家红！

画面：企业标志三维动画（落幅）。

男女合配音：红红火火红石梁！

叠加字幕：淡爽境界，心无边界！

（2）广告时间：15 秒。

（3）表现形式：本广告将以视频特技、三维特技的方式予以综合表现。

3．制作过程简要介绍

（1）利用 Photoshop 准备素材，制作画面中所需的画面效果。

（2）将拍摄的视频画面剪辑，导入 After Effects 中进行合成。

（3）进行各镜头的组接。

（4）配背景音乐。

（5）输出成片。

4．分镜头画面

（1）利用传统的不同字体的"春"字不断切换，来烘托喜庆的场面，效果如图 7-65 所示。

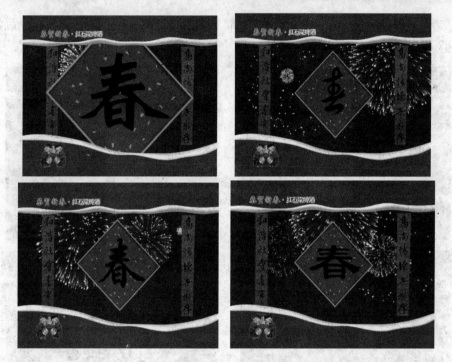

图 7-65　春字变换效果

（2）石梁啤酒倒满酒杯，家人、婚宴、朋友共同举杯庆贺，效果如图 7-66 所示。

图 7-66　镜头切换效果

图 7-66　镜头切换效果（续）

（3）欢庆的锣鼓队、秧歌队，敲鼓者、舞旗者的激情表演，以企业标志三维动画结束，效果如图 7-67 所示。

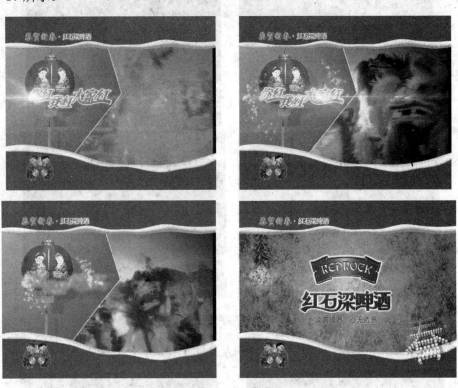

图 7-67　制作效果

7.3　本 章 小 结

随着影视行业的蓬勃发展，片头和栏目包装必将以更快的速度发展。激烈的竞争要求每个人都迅速提高自己的水平，无论是技术还是艺术修养。任何文艺类型的作品都是可以通过临摹来进行学习的，片头也是一样，但千万不要一味只追求制作的效果，在进行临摹时不仅是表面模拟一条片子的制作，要深层次地进行破解，研究其成功原因，把握成片制作的内涵。

课后思考题

一、简答

1. 《现在播报》中调色特效用到了哪些，分别起什么作用？
2. 简述片头广告的制作流程。

二、操作题

1. 模仿制作《现在播报》新闻栏目片头。
2. 为某品牌手机创意制作 15 秒的电视广告。

全国信息化应用能力考试介绍

考试介绍

全国信息化应用能力考试是由工业和信息化部人才交流中心组织、以工业和信息技术在各行业、各岗位的广泛应用为基础，检验应试人员应用能力的全国性社会考试体系，已经在全国近 1000 所职业院校组织开展，年参加考试的学生超过 100000 人次，合格证书由工业和信息化部人才交流中心颁发。为鼓励先进，中心于 2007 年在合作院校设立"国信教育奖学金"，获得该项奖学金的学生超过 300 名。

考试特色

* 考试科目设置经过广泛深入的市场调研，岗位针对性强；
* 完善的考试配套资源（教学大纲、教学 PPT 及模拟考试光盘）供师生免费使用；
* 根据需要提供师资培训、考前辅导服务；
* 先进的教学辅助系统和考试平台，硬件要求低，便于教师模拟教学和考试的组织；
* 即报即考，考试次数和时间不受限制，便于学校安排教学进度。

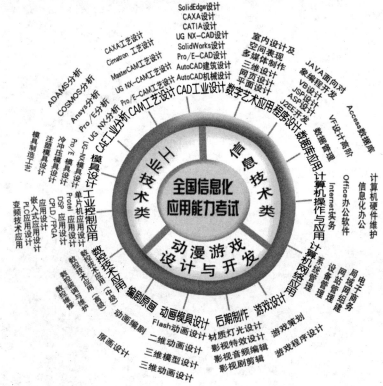

欢迎广大院校合作咨询

工业和信息化部人才交流中心教育培训处

电话：010-88252032 转 850/828/865

E-mail：ncae@ncie.gov.cn

官方网站：www.ncie.gov.cn/ncae